从零开始学

Scratch

2.0 动画游戏设计

陈芸丽 等编著

机械工业出版社
China Machine Press

图书在版编目（CIP）数据

从零开始学Scratch 2.0动画游戏设计 / 陈芸丽等编著. - 北京：机械工业出版社，2017.7

ISBN 978-7-111-57333-3

I. ①从… II. ①陈… III. ①动画制作软件 IV.①TP391.414

中国版本图书馆CIP数据核字（2017）第156792号

Scratch是以积木堆砌的方式来拼贴程序指令的集成编程软件，让读者可以发挥创意来设计互动式故事、动画或小游戏，并可以上传到网络与他人分享。

全书共15章，前3章介绍软件基础、素材构建与程序堆砌的技巧；从第4章开始以范例的方式来讲解Scratch程序项目的设计和实现方法，包括风光导游、贺卡制作、相册浏览、情景故事、游戏动画等9种类型。

本书可以作为零编程基础的青少年学习 Scratch 的自学用书，也适合父母用于辅导学生加强和提升在校所学的 Scratch 的辅导用书，目的在于激发青少年的创造力、逻辑思考能力，以及解决问题的能力。

从零开始学Scratch 2.0 动画游戏设计

出版发行：机械工业出版社（北京市西城区百万庄大街22号　邮政编码：100037）

责任编辑：夏非彼　迟振春　　　　　　　　责任校对：王叶

印　　刷：中国电影出版社印刷厂　　　　　版　　次：2017年7月第1版第1次印刷

开　　本：186mm×240mm　1/16　　　　　印　　张：18.5

书　　号：ISBN 978-7-111-57333-3　　　　定　　价：69.00元

凡购本书，如有缺页、倒页、脱页，由本社发行部调换

客服热线：（010）88379426　88361066　　　　投稿热线：（010）88379604

购书热线：（010）68326294　88379649　68995259　读者信箱：hzit@hzbook.com

推荐序

麻省理工学院（MIT）开发的 Scratch ，让初学"计算机逻辑思维"的人，特别是少儿和青少年觉得数字世界和程序设计是一个奇妙的"游戏"过程。因为这个学习过程完全不用死记枯燥的程序设计语言指令和语法，而是让孩子把精力集中于自己的创意思维和设计的本身，再结合到逻辑思维能力的培养和训练中，孩子在趣味浓厚的氛围中潜移默化地领悟了现代先进的面向对象程序设计的核心精神。

作为世界排名前列的面向少儿和青少年的简易编程工具，Scratch 在北美和西欧已经非常普及，在亚洲地区，中国处于领先位置。Scratch在中国的一、二线城市中小学的信息科学课中有一定的普及，但是教学的深度不够，大多数学生只能算是接触到，会基本的使用而已，而且教学的持续性也不够，学生还不能掌握稍微复杂程序的编写。

本书适合作为零编程基础的青少年学习 Scratch 编程的自学用书，也适合父母用于辅导少儿加强和提升在校所学的 Scratch的辅导用书。

"学习是习惯的养成"，从小培养孩子自主学习和认识数字世界并掌握计算机逻辑思维能力，是他们将来成功的基础之一，而培养自主学习习惯则需要先进的教育理念和工具，Scratch就是综合了先进教育理念的优秀工具之一。

资深架构师 赵军

前 言

在这个信息科技爆炸的时代，很多程序设计语言、软件或硬件设备，更新换代的速度已超乎人们的想象，在学校所学的知识和技能，如果不继续跟踪学习，两三年后就会跟不上时代的潮流。为了应对这样的变化，信息科学的教育不应该再以学习软件的使用为主轴，而应该是激发学生的创造力、逻辑思考能力，以及解决问题的能力，并向下扎根于中小学生的信息科学教育中，如此才能让学生跟得上信息科技爆炸式发展的步伐，而不至于被时代所淘汰。

本书介绍美国麻省理工学院（MIT）所开发的程序设计语言Scratch，这款软件的特点是使用图形化的程序积木进行"堆砌"与"镶嵌"，让中小学生可以通过事件、控制、动作、外观、声音、画笔、侦测、运算符、数据等类型的程序积木，实现自己的创意，动画、情景故事、贺卡、导游、游戏等效果，均可以用Scratch来实现。

由于在设计的过程中，必须通过逻辑思考来排列组合积木，才能让程序项目顺利地执行，因此难免会遇到一些问题，而一旦问题排除并解决后，所得到的快乐也是难以形容的。中小学生也可以根据自己的能力与兴趣来选择想要设计和实现的程序项目主题。

本书共15章，除了第1章为概括性的介绍、第2章和第3章介绍素材的构建与程序堆砌的技巧外，从第4章开始就以范例的方式进行Scratch程序项目设计和实现的说明，让初次接触程序设计语言进行"创作"的中小学生，也不会心生畏惧。本书范例内容如下：

- 建立对话——地方风光导游
- 角色控制——圣诞节贺卡制作、相册浏览
- 动态造型制作——篮球运球教学
- 角色多造型——服饰换装搭配
- 角色绘制——种树歌场景绘制
- 声音控制——小小音乐家
- 按键控制——闯迷宫、英文打字练习
- 画笔应用——梦幻花园
- 运算符应用——接砖块
- 提问与回答——乘法运算问答

在编写过程中，笔者尽量将Scratch所提供的程序类型都顾及到，期盼多样化的范例可以给学习者提供更多的创意和遐想。

有关Scratch版本和下载说明：

1. 本书在编写之初，Scratch 2.0 版的子版本已经从原写作时的 V430 版更新到了 V453 版。在编写本书的过程中，书中所有的范例都在 Scratch 2.0 版 V453 子版本编写、调试并测试完成，并且均能无误运行。相信在本书出版之后，子版本还会不断更新。不过，子版本的更新差异不大，大家在使用本书的范例程序时不会有任何的影响，可以放心在学习和实践过程中参照使用。

2. 本书提供的范例程序源代码和使用的相关设计素材可以从下面的网址免费下载：**http://pan.baidu.com/s/1skBw3Vn**（注意区分数字和英文字母大小写）。如果下载有问题，请发送电子邮件到**booksaga@126.com**，邮件主题为"从零开始学Scratch 2.0 动画游戏设计素材"。

本书主要由陈芸丽编著，卜诚君、王翔、刘雪连、孙学南、关静、郭丹阳、魏忠波等也参与了本书的编写工作。由于笔者知识有限，书中难免有疏漏之处，敬请读者朋友批评指正。

编　者
2017年5月

目　录

第7章 动态造型制作——篮球运球教学

第8章 角色多造型——服饰换装搭配

第9章 角色绘制——种树歌场景绘制

第10章 声音控制——小小音乐家

第11章 按键控制——闯迷宫

第12章 按键控制——英文打字练习

第13章 画笔应用——梦幻花园

第14章 运算符应用——接砖块

第15章 提问与回答——乘法运算问答

第1章

认识Scratch

Scratch是麻省理工学院所开发的一套免费程序设计语言，主要使用积木式的堆砌方式来"拼接和堆砌"程序语句，能让设计者发挥自己的创意设计和实现交互式故事、动画或小游戏，并上传自己的设计成果与他人分享。Scratch系统支持多种语言。

这套软件适合8岁以上的中小学生使用，借助此套软件的学习，能让学生在认知的范围内，尽情地发挥自己的想象。通过设计脚本的构思、流程的规划、程序积木的堆砌来完成个人创意并予以展现，从整个制作过程中可以培养学生独立思考、逻辑分析、解决问题的能力，这对信息科技爆炸的网络时代来说，学生们对信息科学技术和技能的整体运用，是非常值得大力推广的。

1.1 Scratch的用途

我们都知道，"创造发明"基本都是建立在前人经验的基础之上，再加入个人的创意与想法，从而使原有的东西产生质变。正因为如此，这个世界才变得越来越美好，越来越方便舒适。Scratch 网站本身就是一个具有创造力的学习社区，通过许多人的分享，Scratch可实现的效果也越来越多。在这个网站上除了可以学习原创者所堆砌的程序内容外，也可以通过改编程序或角色，把自己的想法表现出来，这样的分享与学习，会让未来世界的进步比现在更快、更神速。

● 原创作品的观摩学习

在Scratch官方网站的下方，就提供了许多原创作品，让学习者可以观摩Scratch的各种制作技巧，如图1-1~图1-3所示。

图1-1

1 输入Scratch官方网址：http://scratch.mit.edu/

2 使用鼠标单击作品的缩略图

图1-2

1 单击"绿旗"按钮，可查看程序项目的内容

2 单击"转到设计页"按钮

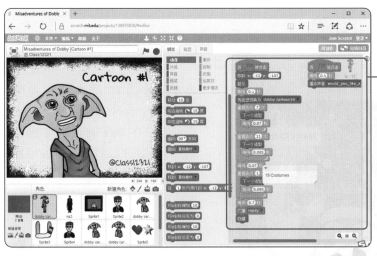

图1-3

可以看到原创者的所有角色设计与程序代码的堆砌，我们可以以此为基础，加入自己的创意来改编这个程序项目

3

● 浏览改编的作品

每一件作品的右下方有许多改编的作品，我们可以使用鼠标单击进去看看，如图1-4所示。大家也可以将自己改编后的作品上传到该网站进行分享。

改编的作品都
在这里显示

图1-4

Scratch到底能制作出什么样的效果呢？下面就以Scratch网站上的一些范例来说明。

● 节庆电子贺卡（如图1-5）

图1-5

⊙ 网址：http://scratch.mit.
edu/projects/40929128/
各种节庆的电子贺卡都可轻松
运用Scratch来绘制，也可以使用
"看图配话"方式来表示情意。

● 动画设计（如图1-6）

⊙ 网址：http://scratch.mit.edu/
projects/29011598/
各种各样的动画脚本都可以使用
Scratch来串接完成。

图1-6

● 音乐演奏与播放（如图1-7）

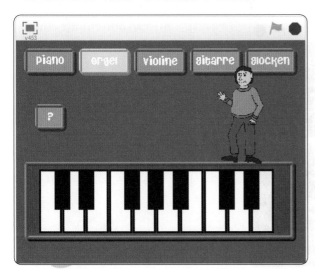

⊙ 网址：http://scratch.mit.edu/
projects/166864/
想要弹奏各种乐器，或是控制音乐
节奏，Scratch也可以帮你实现。

图1-7

● 游戏设计（如图1-8）

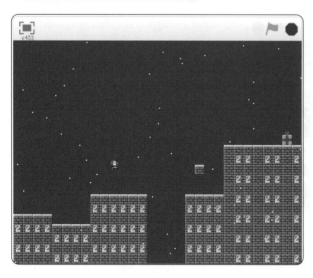

图1-8

⊙ 网址：http://scratch.mit.edu/
　projects/37523030/

精致小巧的游戏不用再花钱买，
自己动手设计，自己玩，自己来
闯关。

● 导览设计（如图1-9）

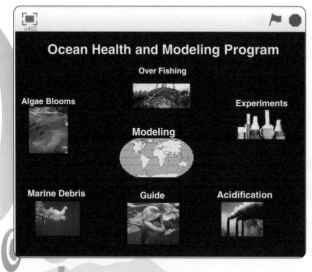

图1-9

⊙ 网址：http://scratch.mit.edu/
　projects/18680465/

如果有任何知识想要与他人分
享，可以使用Scratch制作完成。

● 上彩与绘图（如图1-10）

图1-10

⊙ 网址：http://scratch.mit.edu/
projects/40791994/

与画笔有关的设计，如选色、上彩、笔画粗细、下笔、盖图章等，也可以轻松实现。

● 范例教学（如图1-11）

图1-11

⊙ 网址：http://scratch.mit.edu/
projects/37536974/

范例教学画肖像，通过一步一个脚印地指导，Scratch可以帮助大家轻松完成。

提问与回答（如图1-12）

图1-12

⊙ 网址：http://scratch.mit.edu/projects/29355630/

提出问题，采用双方对答的双向互动模式，通过Scratch的侦测程序积木，也可以轻松实现。

以上是Scratch的一些用途供大家参考，事实上Scratch能做的还不远只这些，只要创意无限，它的功效就不受限制。例如下面的服装搭配，也可以通过Scratch的程序积木"堆砌"而成，如图1-13所示。

图1-13

⊙ 网址：http://scratch.mit.edu/projects/25796804/

看完以上这些范例，相信大家一定很想学习Scratch这套免费的应用程序吧！言归正传，我们现在就开始下载与安装Scratch程序。

1.2 下载与安装Scratch程序

若想使用Scratch程序，也可以上网连接到Scratch官方网站：http://scratch.mit.edu/，在首页上单击 创建 按钮，如图1-14所示，即可在网站上开始使用Scratch程序，如图1-15所示。

01

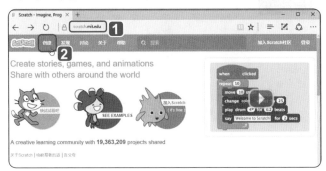

1 在此输入Scratch官网的网址：
http://scratch.mit.edu/

2 单击"创建"按钮

图1-14

02

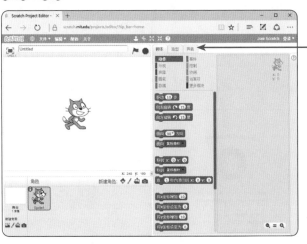

进入网页版编辑器，即可开始使用Scratch程序

图1-15

网页版编辑器必须在有网络的情况下才可以使用，并且需要输入用户名称与密码先行登录，才可以保存Scratch作品。如果大家觉得这样有些麻烦，也可以考虑下载离线的编辑器来使用，可在官方网站下方使用鼠标单击"离线编辑器"超链接，然后按照提示进行下载并安装该软件，如图1-16和图1-17所示。

图1-16

1 在官方网站http://scratch.mit.edu/ 的页面中，拖动滑竿移至页面底端

2 单击"离线编辑器"超链接

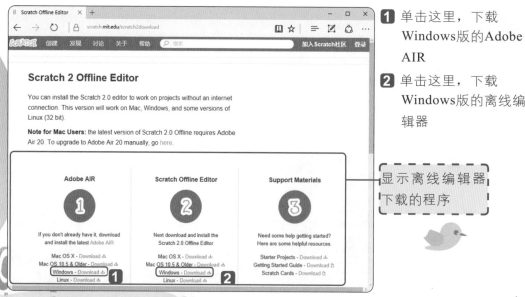

图1-17

1 单击这里，下载Windows版的Adobe AIR

2 单击这里，下载Windows版的离线编辑器

显示离线编辑器下载的程序

目前Scratch可在Mac、Windows、Linux等操作系统上使用，本书以Windows版本为例。如果大家未曾安装过Adobe AIR，那么请按序下载安装Adobe AIR和Scratch 2的编辑器，再启动如图1-18所示的两个程序进行安装即可。

图1-18

1.3 动画游戏设计的概念

在介绍Scratch的使用之前，我们需要先了解一下动画的原理、脚本和流程的规划。

1.3.1 动画的原理

所谓动画（Animation），就是将多张不同动作的静态图像，以非常快速的方式连续放映。由于人眼具有视觉暂留的特性，所以当放映速度快于眼睛所能分辨的速度时，就会让观看者感觉到图像有移动的效果。就如同Scratch中的黄色猫咪图像，通过程序来控制，当使用鼠标单击"绿旗"按钮后，就会不断地交替重复显示这两个造型图像（如图1-19所示），这样就可以观察到猫咪在走动了。

图1-19

1.3.2 脚本和流程的规划

想要高效率地制作动画，脚本的设计当然不可欠缺。因为通过纸上的规划，可以让我们的构思更清晰，比如场景的配置、角色的位置、角色出场的先后顺序、秒数的长短等问题。当我们把这些问题一一想清楚后，在制作时就不会丢三落四，做起来才会有成就感。设计规划时的书面工作如图1-20所示。

编号	镜头	声音说明	画面说明	特殊技术	分/秒
		镜头从头顶置全身入镜			
		模特走向台口镜头跟着移动,其他人也定住。			

首先构思脚本,以便让思绪更清晰

图1-20

如果是游戏设计,可能会牵涉条件或结构的问题,那么也可以通过流程图的方式来思考问题,如图1-21所示。我们可以使用空白纸张来画草图,将设计流程进行完整的思考与规划,这样才可以减少问题的发生。

图1-21

1.4 Scratch的操作界面

将Scratch程序安装完毕之后,我们先来认识下Scratch的窗口环境。只有熟悉操作环境后,才能跟上书中的章节,一步步地进入Scratch的殿堂。在计算机桌面上双击 图标,即可进入如图1-22所示的窗口。

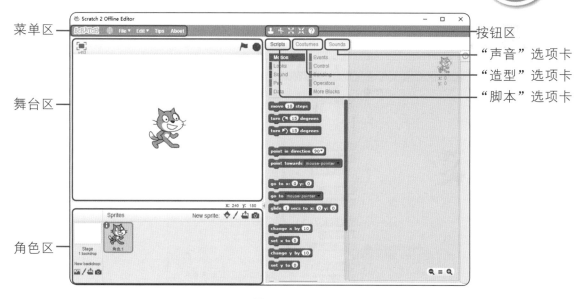

图1-22

1.4.1 语言切换与文字大小的设置

第一次启动Scratch，映入眼帘的是英文版的界面，不过大家不用担心，因为Scratch支持中文，所以可以通过单击"地球" ⊕ 按钮来切换语言，如图1-23和图1-24所示。

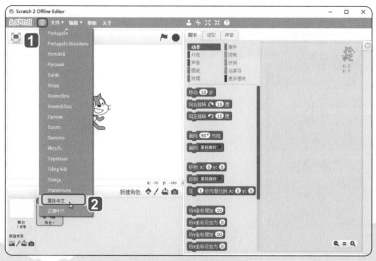

1 使用鼠标单击该按钮

2 在下拉菜单中选择"简体中文"选项

图1-23

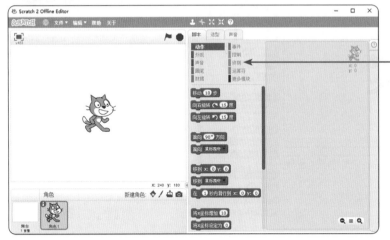

变成中文版界面了

图1-24

切换到中文界面后，如果觉得"脚本"选项卡中的程序积木字体太小，可以先按住Shift键，再单击"地球" 按钮，如图1-25所示；从弹出的下拉菜单中选择12~14的字体大小即可，如图1-26所示。

1 按住Shift键再单击该按钮

2 从下拉菜单中选择set font size选项

图1-25

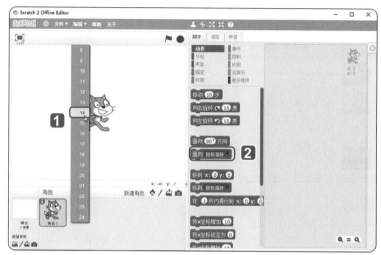

① 选择要设置的字体大小

② 瞧！程序积木的字体变大了

图1-26

注意：因为Scratch 2.0软件中文版中将鼠标"click"操作翻译成了"点击"，但是我们习惯把按一下鼠标的操作称为"单击"，故文中的"单击"等同于软件插图中的"点击"，全书类同。

1.4.2 菜单区

菜单区位于窗口的左上方（如图1-27所示），█SCRATCH█可以链接至Scratch网站；█关于█则链接到有关Scratch的网页；🌐主要用于语言的切换；█文件▼█提供了"新建项目""打开""保存""分享到网站""退出"等功能；█编辑▼█包含"撤销删除""小舞台布局模式"与"加速模式"功能。选择"小舞台布局模式"选项，会将舞台变小，以便增加"脚本""造型""声音"等选项卡的编辑区；而"加速模式"则是加快程序项目执行的速度。

SCRATCH 🌐 文件▼ 编辑▼ 帮助 关于

图1-27

对于新手来说，如果想要快速学会使用Scratch，可单击 █帮助█ 按钮，将会在右侧出现如图1-28所示的操作面板，只要单击超链接，跟着步骤按序学习，就可以慢慢上手。目前只有英文的帮助说明，若是不懂英文，仍可跟着动画按序学习操作过程。

单击该按钮关闭面板

单击"帮助"菜单，将显示此操作面板

图1-28

1.4.3 按钮区

按钮区位于窗口的正上方，各个按钮所代表的含义如图1-29所示。

复制　　放大　　功能块帮助

删除　　缩小

图1-29

1.4.4 舞台区

舞台区是安排角色与背景的区域，它位于窗口的左侧。依次选择"编辑/小舞台布局模式"菜单选项，或是单击舞台右下角的 按钮即可进行大/小舞台的切换，如图1-30所示。

大舞台布局模式

全屏幕切换按钮

执行程序按钮

停止程序按钮

小舞台布局模式

鼠标坐标位置

单击该按钮可切换大/小舞台

图1-30

单击舞台左上方的 ▣ 按钮，可切换为全屏幕的显示模式；单击右侧的 ⚑ 按钮，可执行程序项目；单击 ● 按钮，可停止执行程序项目。

1.4.5 角色区

角色区位于窗口左下方，用来显示程序项目中所使用到的角色或舞台背景，此区域也用于新建舞台背景或角色，如图1-31所示。

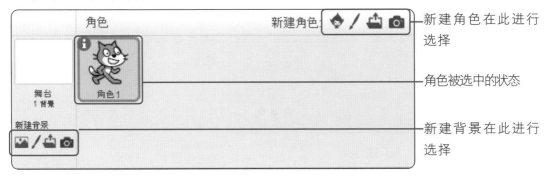

图1-31

角色被选中时，会显示蓝色线框。若单击角色图标左上方的 ⓘ 按钮，则可对角色细节进行设置，包括角色名称、旋转模式、方向、是否显示或可拖动等相关信息，如图1-32所示。

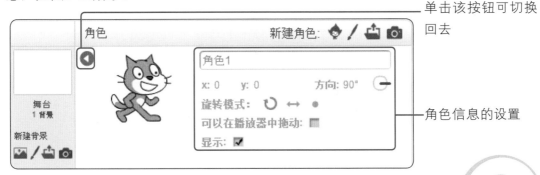

图1-32

1.4.6 "脚本"选项卡

"脚本"选项卡是陈列所有程序积木与编辑脚本的地方，按程序类型可分为动作、外观等十大类，并以不同颜色进行区分。如图1-33所示，当前显示的是"事件"类型中的相关程序积木，使用时只要利用鼠标单击程序积木并拖动到脚本区中（即程序编辑区），然后像积木一样堆砌起来就可以了。

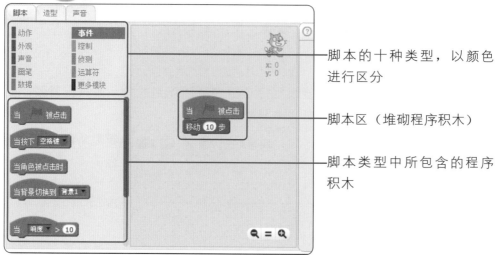

脚本的十种类型，以颜色进行区分

脚本区（堆砌程序积木）

脚本类型中所包含的程序积木

图1-33

1.4.7 "造型"选项卡

"造型"选项卡是新建造型或编辑与修改造型的地方，该选项卡中提供了颜色板和各种绘图工具，可以在此编辑与修改造型，如图1-34所示。

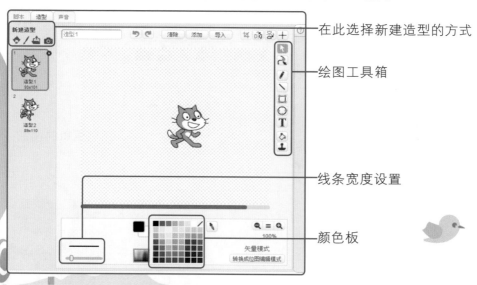

在此选择新建造型的方式

绘图工具箱

线条宽度设置

颜色板

图1-34

如果使用鼠标单击舞台背景，"造型"选项卡会自动切换为"背景"选项卡，以供我们对背景进行编辑与修改，如图1-35所示。

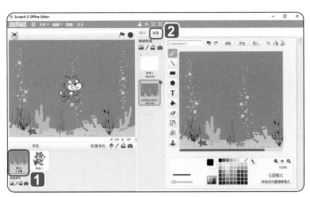

① 使用鼠标单击舞台

② 这里会变成"背景"
选项卡

图1-35

1.4.8 "声音"选项卡

"声音"选项卡中包括三种新建声音的方式，并在右侧窗格的下方提供了声音的播放、录制、编辑及效果设置，如图1-36所示。

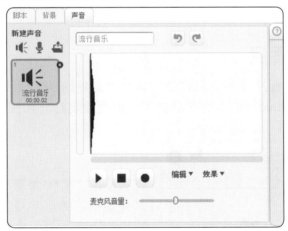

图1-36

1.5 程序项目的格式

Scratch 2.0版的程序项目格式为*.sb2，若要保存Scratch项目文件，只需依次选择"文件/保存"或"文件/另存为"菜单选项，即可在如图1-37所示的对话框中保存文件。

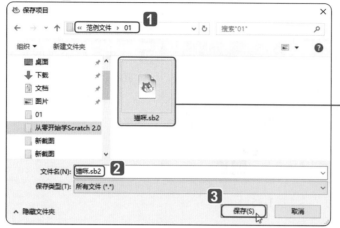

❶ 选择保存位置

❷ 输入程序项目名称

❸ 单击"保存"按钮

项目文件的图标

图1-37

目前网络上仍可见到许多使用Scratch 1.4版本设计的作品，不过1.4版本的文件格式为*.sb。因为文件格式不同，所以Scratch 1.4版本无法读取Scratch 2.0版本的作品，但Scratch 2.0版本仍可读取Scratch 1.4版本的作品。

1.5.1 新建项目

如果要创建新的程序项目，只需依次选择"文件/新建项目"菜单选项，随后舞台上方就会显示Untitled（即未命名的意思）的项目名称，如图1-38所示。

依次选择"文件/新建项目"
菜单选项，随后此处就会出
现Untitled的项目名称

图1-38

当我们依次选择"文件/保存"或"文件/另存为"菜单选项后，该处就会显示所设置的新项目名称。

1.5.2 打开程序项目

如果有现成的程序项目文件，想要再次打开来使用，那么可依次选择"文件/打开"菜单选项，在如图1-39所示的对话框中选择文件，然后单击 打开(O) ▼ 按钮，即可打开这个程序项目。

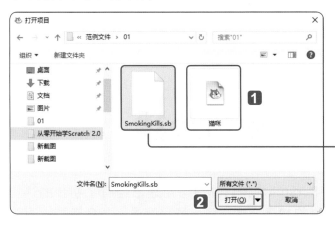

1 选择该项目文件

2 单击该按钮打开项目文件

旧版本的文件，也可以通过"文件/打开"菜单选项将它在Scratch 2.0版本中打开

图1-39

第2章

Scratch素材的构建

在第1章中，相信大家对于Scratch的窗口环境与用途已经有了初步的认识，接下来将要介绍Scratch素材的构建方式，包含舞台背景、角色造型、声音等，同时讲解角色造型的编辑与修改技巧，让大家轻松将各种素材加入到Scratch中。

2.1 构建舞台背景

在舞台背景方面，有以下4种构建方式，如图2-1所示。

1 先使用鼠标单击舞台背景

2 在此选择构建舞台背景的方式，从左到右4个按钮依次是：从背景库中选择背景、绘制新背景、从本地文件中上传背景、拍摄照片当作背景

图2-1

2.1.1 背景库

在角色区左下方单击 按钮，即可进入Scratch的背景库中挑选背景图像，具体步骤如图2-2~图2-4所示。

单击该按钮

图2-2

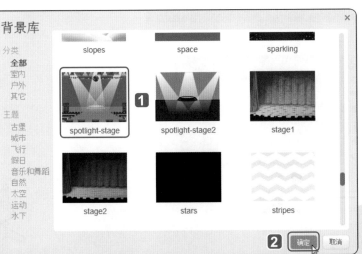

1 选择背景图像

2 单击"确定"按钮

图2-3

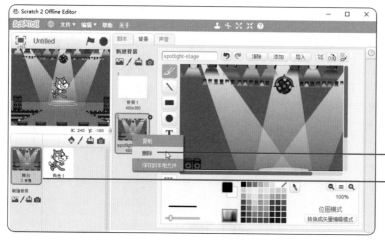

多余的背景，可使用鼠标右键单击其缩略图，再选择快捷键菜单中的"删除"选项进行删除即可

睢！已套用上新背景了

图2-4

2.1.2 绘制背景

在角色区左下方单击 ✏️ 按钮，开始绘制新的舞台背景，可以单击 添加 按钮从"背景库"中选择背景图像后再加以编辑或修改，也可以单击 导入 按钮导入现有背景图像后，再使用Scratch所提供的工具来进行编辑或修改。此处为大家示范单击 导入 按钮导入图像后的编辑或修改方式。具体步骤如图2-5~图2-12所示。

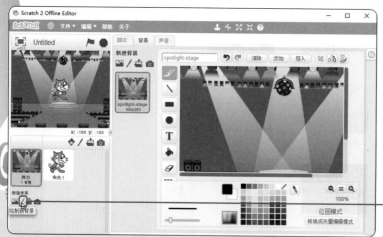

单击该按钮绘制新背景

图2-5

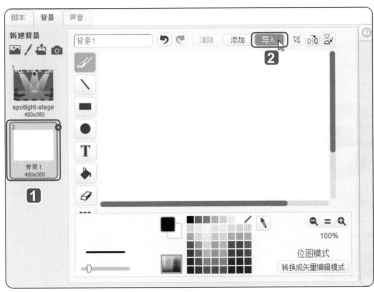

图2-6

1 新建一个空白背景

2 单击"导入"按钮

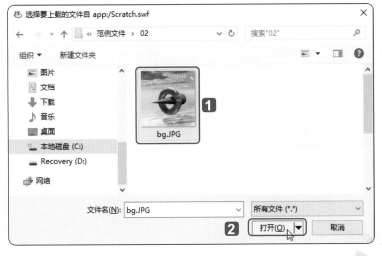

图2-7

1 单击要使用的图像缩略图

2 单击"打开"按钮

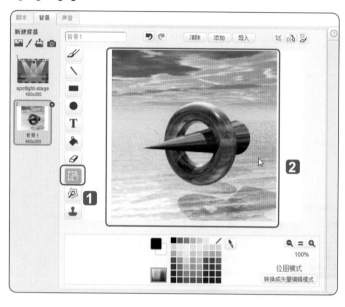

1 单击"选择工具"按钮

2 使用鼠标拖动出图像的区域
范围，然后向右移动，使其
贴齐右侧边界

图2-8

1 单击"选择并复制"按钮

2 使用鼠标拖出如图所示的
区域范围后，向左拖动使
之复制

图2-9

06

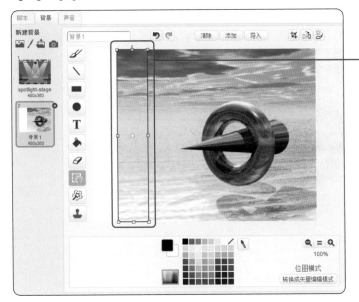

显示复制的结果

图2-10

07

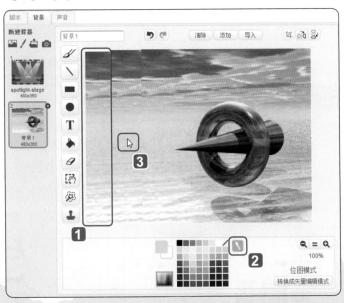

1 采用上面相同的方式完成左侧背景的复制

2 单击"选取颜色工具"按钮。

3 在此选取颜色

图2-11

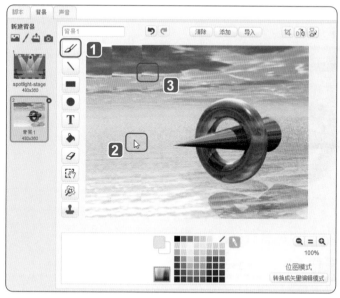

1 单击"画笔工具"按钮

2 轻轻涂抹，以消除接缝处的明显分界线

3 用相同的方式完成天空处分界线的修补

图2-12

在背景方面，我们可以同时设置多个背景底图，届时通过程序积木的控制，即可进行背景的切换。对于多余的背景底图，则建议大家通过单击鼠标右键来进行删除。如果背景底图的顺序需要调整，只要使用鼠标拖动的方式即可改变背景底图的顺序。具体步骤如图2-13和图2-14所示。

1 使用鼠标单击缩略图并按住鼠标不放

2 向下拖动缩略图到这个位置，然后释放鼠标

图2-13

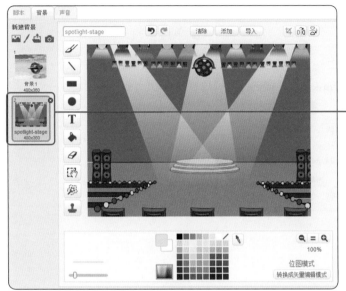

———— 瞧！背景的先后
顺序改变了

图2-14

2.1.3 从本地文件中上传背景

也可以把现成的背景插图直接上传到Scratch中来使用。上传的具体步骤如图
2-15~图2-17所示。

1 单击舞台背景

2 单击该按钮，从本地文件中
上传背景

图2-15

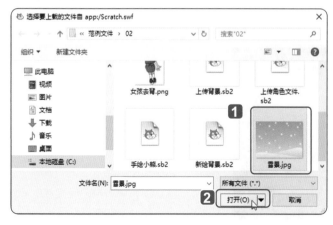

1 单击要上传的图像缩略图

2 单击"打开"按钮

图2-16

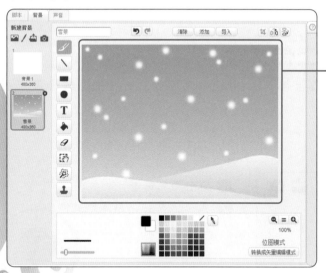

瞧！背景底图上传
到Scratch中了

图2-17

因为Scratch的舞台大小为480像素×360像素，所以上传的背景底图最好是维持同样的尺寸。如果不是4:3的比例，也可以将图像导入后使用"选择工具" 来进行缩放，如图2-18和图2-19所示。

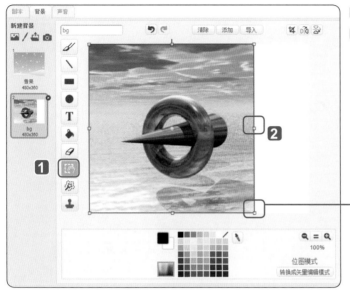

① 单击"选择工具"按钮
② 使用鼠标拖动中间的控制点，可进行不等比例的缩放

使用鼠标拖动四角的控制点，可进行等比例的缩放

图2-18

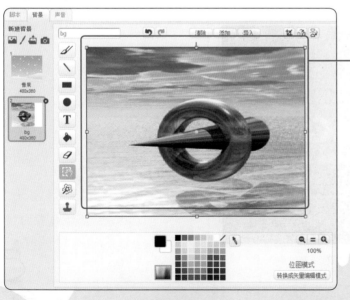

显示不等比例的缩放结果

图2-19

2.1.4 拍摄照片当作背景

假如计算机上安装了摄像头，Scratch也可以通过摄像头（即相机）来拍摄背景图像。具体步骤如图2-20~图2-22所示。

01

单击该按钮，拍摄
照片当作背景

图2-20

02

1 调整照片的角度
2 单击"保存"按钮

图2-21

1 照片已传送到"背景"选项卡中

2 利用"选择工具"进行缩放处理

图2-22

2.2 构建角色造型

学会了舞台背景的新建方式后，下面就来看看角色的新建方式。Scratch中提供了4种新建角色的方式，如图2-23所示，可通过角色区来构建。

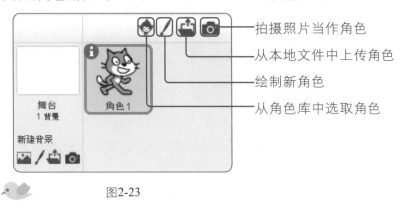

拍摄照片当作角色

从本地文件中上传角色

绘制新角色

从角色库中选取角色

图2-23

2.2.1 从角色库中选取角色

在角色区单击 按钮，将会进入角色库，选取角色后单击 确定 按钮退出窗口，即可完成对角色的选择。具体步骤如图2-24和图2-25所示。

1 选取角色图像

2 单击"确定"按钮

图2-24

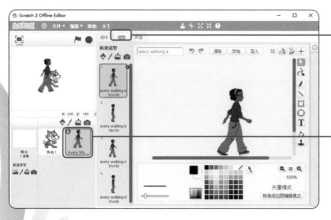

切换到"造型"选项卡,可看到该角色包含多个造型

显示加入的角色造型

图2-25

同样地,一个角色可以同时包含多个不同的造型,只要通过程序的控制,即可产生变换效果。

2.2.2 绘制新角色

我们也可以使用Scratch中所提供的绘图工具,在"造型"选项卡中自行绘制新角色。这里就从空白背景开始,为大家示范如何使用Scratch中的绘图工具。具体步骤如图2-26~图2-31所示。

01

单击该按钮，绘
制新角色

图2-26

02

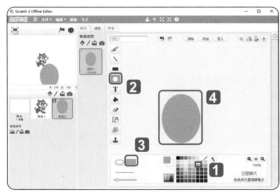

1 选取颜色

2 单击"椭圆工具"按钮

3 设置为实心的圆

4 绘制如图所示的椭圆造型

图2-27

03

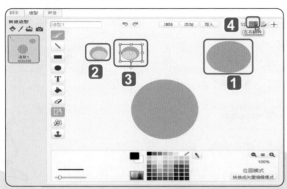

1 绘制圆形头部

2 绘制左耳朵的两个色块

3 利用"选择工具"选取后复制
　一份

4 单击该按钮进行左右翻转，绘
　制右耳朵

图2-28

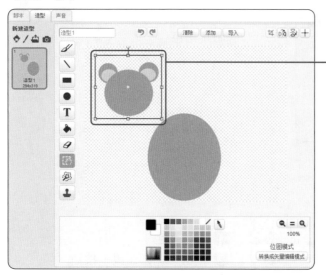

将头部、左右耳朵组合成如图所示的造型，然后移到身体上方

图2-29

利用"椭圆工具"按序加入眼睛、嘴巴、鼻子等造型

图2-30

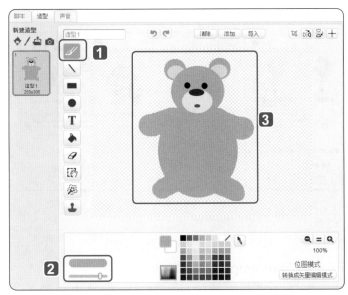

1 单击"画笔工具"按钮

2 调整线条宽度

3 画出手脚部分，完成小熊的绘制

图2-31

想要绘制造型其实很简单，我们只要运用想象力将造型简单化，想象它们都是由圆形/椭圆形、矩形/方形等几何图形组合而成，多余的部分可使用"擦除工具" 擦除，这样就可以轻松画出任意造型的图案（或图像）。

2.2.3 从本地文件中上传角色

如果有现成的没有背景的角色图像，可在角色区单击 按钮，即可进行上传的操作，具体步骤如图2-32~图2-34所示。

单击该按钮，从本地文件中上传角色

图2-32

❶ 选择没有背景的图案　❷ 单击"打开"按钮

图2-33

角色完成

图2-34

不可不知：造型去背景技巧——用PhotoImpact消除背景

　　选用现有的图像来制作角色造型是大家最常用的一种方式，但是大多需要进行去背处理。这里以PhotoImpact软件为例来给大家示范，如何进行完美的去背处理，具体步骤如图2-35~图2-39所示。

图2-35

❶ 依次选择"文件/打开"菜单选项，打开"女孩.JPG"文件

❷ 单击"魔术棒工具"按钮

❸ 勾选"相邻的像素"复选框，这样白色袜子就不会被选取

❹ 单击"+"按钮，以加入的方式选取造型

图2-36

1 先单击大范围的背景区域，使之被选取

2 按序单击未相连接的小区域，包含头顶的蝴蝶结下方，以及双脚的区域

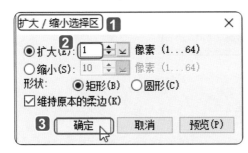

图2-37

1 依次选择"选择区/扩大/缩小"菜单选项，弹出该对话框

2 设置"扩大"为1像素，使选择区加大，避免去背后角色边缘产生白色的残留

3 单击"确定"按钮

图2-38

依次选择"选择区/改选未选择部分"菜单选项，以便改选图像的造型

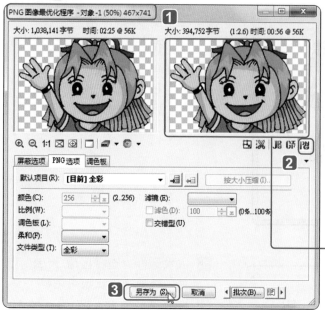

1 依次选择"网络/图像优化程序"菜单选项，弹出该对话框

2 单击png按钮

3 单击"另存为"按钮，输入文件名，即可完成去背处理

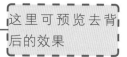

这里可预览去背后的效果

图2-39

2.2.4 拍摄照片当作角色

我们也可以在角色区单击 📷 按钮，通过相机来获取镜头中的画面，如图2-40所示。

1 从镜头中调整角色的位置

2 单击"保存"按钮，角色就会自动出现在"造型"选项卡中

图2-40

2.2.5 新建造型

学会在角色区新建角色后，下面来看看造型的新建方式。在"造型"选项卡中也拥有和角色区一样的4个按钮，其新建技巧完全相同，但功能略有不同，如图2-41所示。

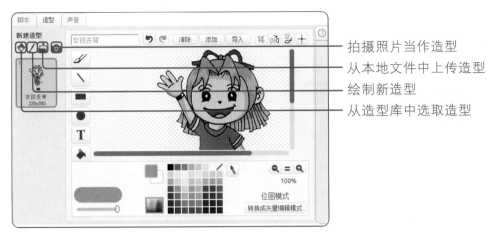

图2-41

拍摄照片当作造型
从本地文件中上传造型
绘制新造型
从造型库中选取造型

因为在Scratch程序中，同一个角色可以拥有多个造型，所以要新建某一个角色的造型，就是通过"造型"选项卡中的4个按钮来进行新建。

2.3 编辑角色造型

新建完角色后，我们就可以对角色或造型进行编辑，包括复制、删除、放大、缩小，或是将造型图像保存到计算机中。

2.3.1 角色的复制与删除

角色区的角色如果需要复制或删除，可以使用鼠标右键单击角色，然后在弹出的快捷菜单中选择"复制"或"删除"选项，具体步骤如图2-42和图2-43所示。

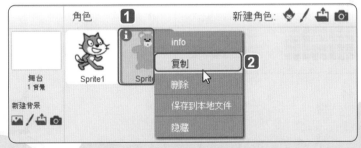

1 选择角色
2 单击鼠标右键，在弹出的快捷菜单中选择"复制"选项

图2-42

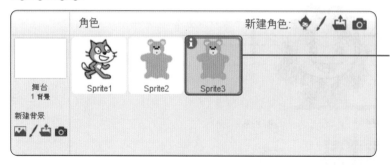

角色复制成功

图2-43

2.3.2 造型的复制与删除

若是在"造型"选项卡中想要复制或删除造型，同样是使用鼠标右键单击造型，然后在弹出的快捷菜单中选择"复制"或"删除"选项，具体步骤如图2-44和图2-45所示。

1 选择造型

2 单击鼠标右键，在弹出的快捷菜单中选择"复制"选项

图2-44

显示复制后的造型。复制的造型可使用"绘图工具"来变更颜色

图2-45

2.3.3 造型的放大与缩小

如果新添加的造型过大或过小，我们可以使用按钮区的"放大"  按钮来放大造型，使用"缩小" 按钮来缩小造型，如图2-46所示。

1️⃣ 先单击"放大"按钮或"缩小"按钮

2️⃣ 使用鼠标单击一下造型，即可放大或缩小

3️⃣ 单击一下工具按钮结束缩放

图2-46

前面提到过，Scratch的舞台大小为480像素×360像素，如果我们正在使用其他任何一种绘图软件，不妨预先将它的版面大小设置成该尺寸，这样对于需要用到的角色造型就可以预先调整成适合的比例大小，再上传到Scratch中以供使用，可以节省许多角色编辑的时间。

2.4 新建声音

除了舞台与角色造型外，Scratch中也提供了声音的新建与编辑功能，如图2-47所示。新建声音的方式有以下三种。

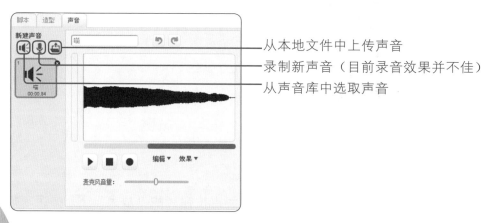

从本地文件中上传声音
录制新声音（目前录音效果并不佳）
从声音库中选取声音

图2-47

2.4.1 从声音库中选取声音

在"声音"选项卡中单击 按钮，即可从声音库中选取声音，具体步骤如图2-48和图2-49所示。

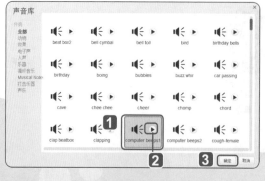

1 选择声音文件
2 单击该按钮，可以试听声音
3 单击"确定"按钮

图2-48

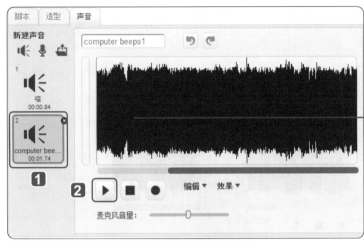

1 显示刚刚添加的声音

2 单击该按钮，可播放声音

可使用鼠标右键单击多余的声音，然后在弹出的快捷菜单中选择"删除"选项

图2-49

2.4.2 从本地文件中上传声音

Scratch中虽然提供了录制新声音的功能按钮 🎤，不过目前效果并不理想，因此建议大家先使用其他录音程序录制声音后，再通过单击 ⬆ 按钮进行上传，如图2-50所示。

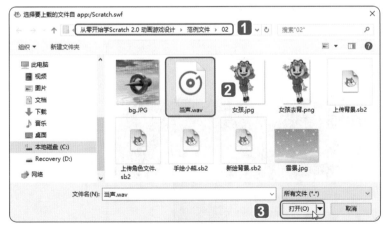

1 选择声音所在的文件夹

2 单击声音文件对应的图标

3 单击"打开"按钮打开声音文件

图2-50

2.4.3 编辑声音

在"声音"选项卡中单击 **编辑 ▼** 按钮，将会弹出以下几个选项。如果声音文件过长或过短，想要进行剪辑或加长的操作，只要先选取范围，即可从菜单中选择复制、剪切粘贴或删除等选项，如图2-51所示。

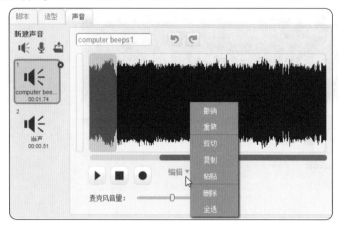

图2-51

2.4.4 效果设置

新添加的声音文件，如果声音过小，想要让声音变大，或是声音文件的前后要进行淡入/淡出的效果，那么单击"声音"选项卡中的 **效果 ▼** 按钮，即可实现所需的声音效果，如图2-52所示。

图2-52

　　行文至此，我们已经把Scratch素材的构建方式介绍完毕，虽然有了角色造型、舞台与声音，但是没有程序的控制，程序项目依然没有办法启动。因此，赶快翻到下一章吧，让我们为大家简要地介绍一下程序积木的使用。

第 3 章

Scratch程序的堆砌

　　学会了Scratch各类素材的构建方式后，若要让程序项目得以启动，还必须通过程序积木的堆砌组合，才能够驱动事件以最终启动程序的运行。因此本章将告诉大家如何执行/停止程序，如何在脚本区中加入程序积木，以及积木堆砌时应注意的事项。言归正传，下面直接进入主题。

3.1 开始执行与停止程序

在舞台右上方有两个按钮："绿旗"按钮 🏳 用来执行程序；"红色圆形"按钮 ● 则是用来停止程序的执行。请先打开范例文件"企鹅ok.sb2"，试着播放与停止这个程序项目，如图3-1和图3-2所示。

01

1 依次选择"文件/打开"菜单选项，打开"企鹅ok. sb2"程序项目文件

2 单击"绿旗"按钮，开始执行程序

图3-1

1 启动程序后，会看到企鹅摇摇摆摆地向右移动，移到边界时又自动向左摇摆移动回去

2 看完动画后，单击"红色圆形"按钮，即可停止播放

图3-2

3.2 加入程序积木

学会执行与停止程序后，接着来看看如何在Scratch的脚本区中加入程序积木。请先打开"企鹅.sb2"范例文件，如图3-3所示，下面为大家进行讲解。

依次选择"文件/打开"菜单选项，打开"企鹅.sb2"程序项目文件

图3-3

在进行讲解之前，大家要有一个概念：设计任何脚本，必须先对软件所提供的程序指令有概括性地了解，这样才能应用这些程序指令来得到想要的效果或变化（注：在Scratch中程序指令即程序积木）。

在Scratch中，它把所有程序指令简化成10种类型，并以积木图形的方式呈现出来，只要积木图形之间可以进行堆砌，并能够镶嵌在一起，就可以让程序顺利执行。

设计脚本之前，概括性地了解程序积木，将有助于我们的创意和设想。而在进行程序积木的堆砌时，再按照实际遇到的情况，适时地加入程序积木来进行调整。

3.2.1 程序积木的分类

在"脚本"选项卡中，Scratch以10种颜色来区分程序积木的类型。在此先简要说明一下这10种类型及其包含的功能，如表3-1所示。

表3-1 程序积木类型及其包含的功能

程序类型	功能
动作	可进行移动、旋转角度、方向、坐标或位置等动作的设置
外观	可进行造型的切换、图文解说的文字、特效、大小、图层位置、显示、隐藏等外观的设置
声音	控制声音的播放、停止、节奏、乐器弹奏、音量大小等
画笔	有关笔迹的清空、图章、落笔、抬笔，以及画笔颜色、色泽度/色度、大小的控制
数据	产生变量或列表
事件	控制程序的启动。最常使用的是"当'绿旗'按钮 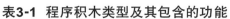 被单击"，或是"当角色被单击时"，其他还可通过键盘上的按键，或是对广播消息的侦测来启动事件
控制	控制重复的次数与等待的时间，以及条件判断式的使用或克隆体的控制
侦测	侦测事件的发生与否，比如当角色碰到边缘/颜色、鼠标坐标位置、询问、回答等
运算符	有关四则运算，随机数、大小判断、逻辑判断等
更多模块	提供自定义积木的功能

3.2.2 加入程序积木到脚本区

认识"脚本"的10种程序积木类型后，现在准备将程序积木堆砌到脚本区（也称为程序编辑区）。

● 启动事件

要让舞台上的"绿旗"按钮被单击时才能启动程序，就必须先从 事件 类型中，将"当'绿旗'按钮被单击"的程序积木拖动到脚本区中。

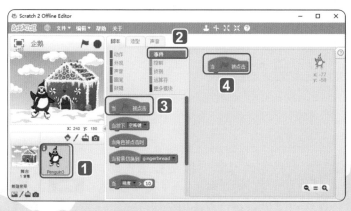

1 先单击企鹅角色

2 再切换到"事件"类型

3 使用鼠标单击此程序积木并按住鼠标不放

4 将程序积木拖动到脚本区中

图3-4

● 企鹅移动脚步

当"绿旗"按钮被单击后，希望企鹅能够移动位置，因此我们将通过 **动作** 类型中的"移动__步"程序积木来让企鹅移动10步，如图3-5和图3-6所示。

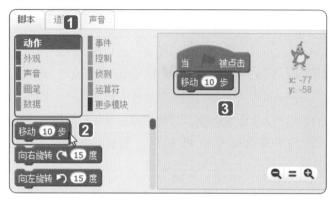

1 切换到"动作"类型

2 单击此程序积木并按住鼠标不放

3 使用鼠标拖动到此，并将程序积木镶嵌在一起（移动的数值可自行设置）

图3-5

1 在此积木上双击鼠标

2 瞧！在舞台上就可以看到企鹅移动了

图3-6

● 重复执行移动

虽然企鹅已经可以移动位置了，但是当"绿旗"按钮被单击时，它只移动10个像素的距离就停下来了。如果希望企鹅一直移动脚步，那就需要通过 **控制** 类型中"重复执行"程序积木来执行，如图3-7和图3-8所示。

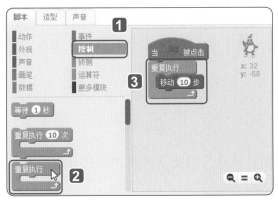

图3-7

1 切换到"控制"类型

2 单击这个程序积木并按住鼠标不放

3 将它拖动到这两个程序积木中间，使之镶嵌成如图所示的画面效果

图3-8

1 单击"绿旗"按钮查看程序执行的效果

2 糟糕了！企鹅虽然可以不断地向右移动，但是碰到舞台右边缘就不能动了

碰到边缘就反弹

　　舞台的宽度只有480像素，反复地执行移动动作，当然会碰到舞台边缘。而 **动作** 类型中有一个指令，即程序积木"碰到边缘就反弹"，可以让移动的角色向反方向移动。现在就使用此程序积木，让企鹅能够向左移动，如图3-9所示。

① 切换到"动作"类型

② 单击此程序积木并按住鼠标不放

③ 将积木堆砌在脚本区

④ 单击"绿旗"按钮查看动画效果

图3-9

针对不同的角色，我们还可以通过"角色信息"功能来调整角色反弹时的旋转方式，具体步骤如图3-10和图3-11所示。

单击该按钮

图3-10

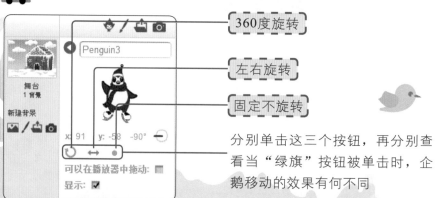

360度旋转

左右旋转

固定不旋转

分别单击这三个按钮，再分别查看当"绿旗"按钮被单击时，企鹅移动的效果有何不同

图3-11

● 加入等待时间

在上面的范例中，企鹅移动的速度其实是很快的，如果希望移动的速度慢一点，可以在 控制 类型中加入"等待__秒"的程序积木，如图3-12所示。

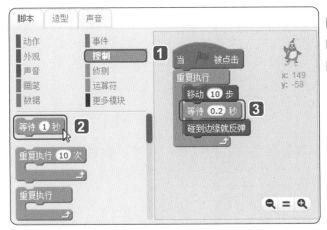

1 切换到"控制"类型

2 单击此程序积木并按住鼠标不放

3 将程序积木拖动至此，然后双击鼠标，修正秒数值

图3-12

● 变更企鹅造型

如果切换到"造型"选项卡，就会发现企鹅包含有三个造型，如图3-13所示。

1 切换到"造型"选项卡

2 企鹅有三个造型，蓝色线框标示的是当前正在使用的造型

图3-13

现在我们就通过 外观 类型中的"下一个造型"，来让企鹅每移动10步后就自动切换到下一个造型，如图3-14所示。

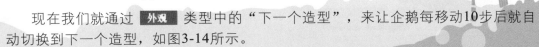

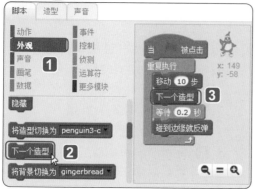

1 切换到"外观"类型

2 单击此程序积木并按住鼠标不放

3 将积木镶嵌于此

图3-14

设置完成后，单击"绿旗"按钮查看程序的执行效果，就可以看到企鹅摇摇摆摆地左右移动了。

3.3 积木堆砌技巧

对于从来没有学过任何程序设计语言的人来说，只要运用程序积木的堆砌，就可以让程序"动"起来，确实令人惊艳。如果大家是第一次进行程序积木的堆砌，那么这里提供几项要点供大家参考。

● 堆砌与镶嵌程序积木

在Scratch中，程序积木之间必须堆砌、镶嵌在一起，之后程序才会正确地执行。如果程序积木没有正确地镶嵌在一起，那么执行结果就会有所误差。如图3-15所示，"碰到边缘就反弹"程序积木的凹/凸处，并未与其他的积木镶嵌在一起，因此执行这个程序时，该程序积木就不会起作用。

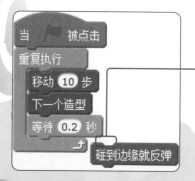

上方的凹处没有与其他的程序积木相结合，因此该程序积木不会起作用

图3-15

除了堆砌在一起之外，也可以将程序积木镶嵌在另外一个程序积木之中。如图3-16所示，"在__之前一直等待"积木中有六边形的图形，因此六边形的程序积木就可以镶嵌在其中。

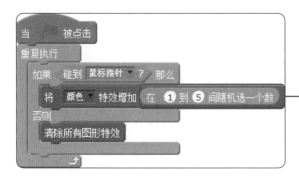

图3-16

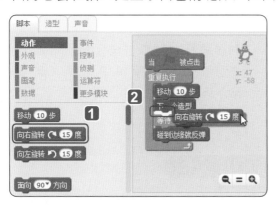

依此类推，如图3-17所示，程序积木中的圆形区块即可镶嵌进圆形的程序积木中

图3-17

● 增减程序积木

要将选取的程序积木加入到堆砌的程序积木中，只要使用鼠标拖动的方式即可，因为它会在插入处显示白色的缝隙，如图3-18所示。

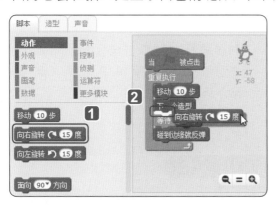

1 单击此程序积木并按住鼠标不放

2 拖动至此处，出现白色缝隙，即可插入其中

图3-18

如果要从中删除某一个程序积木，那么必须先将这个程序积木从程序堆砌中分离出来，然后利用鼠标右键单击，在弹出的快捷菜单中选择"删除"选项，即可删除。删除的具体步骤如图3-19~图3-21所示。

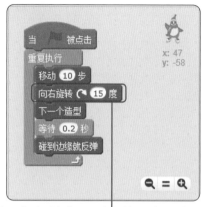

利用鼠标单击要删除的程序积木并
按住鼠标不放，然后向外拖动

图3-19

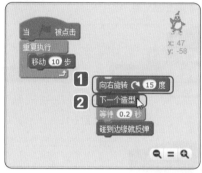

1 该积木以下的程序积木都会被拖出

2 单击此程序积木，使用鼠标拖动，将
其堆砌到原来的程序积木中

图3-20

利用鼠标右键单击该程序积木，
在弹出的快捷菜单中选择"删
除"选项，即可将其删除

图3-21

每个角色都可以拥有自己专用的程序积木

在"企鹅"的范例中，由于只有企鹅一个角色，所以我们只对该角色进行设
置。如果有多个角色在舞台中，就必须分别设置它们各自专用的程序积木，除非该
角色没有任何动作需要展示。另外，舞台背景也可以加入程序积木，使它产生动态
变化的效果。

● **事件的产生方式**

在Scratch中，程序的执行主要是通过事件来驱动，通常都必须先从 事件 类型中选择事件，其程序积木形状的上方多为圆弧，如图3-22所示。

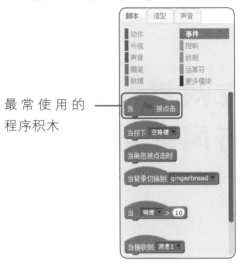

最常使用的
程序积木

图3-22

一个角色并非只使用一个事件，有可能"当'绿旗'按钮被单击"时，希望角色执行某些操作，而当角色被单击时则执行其他的操作，因此我们要根据脚本内容来选用适当的事件，如图3-23所示。

同一角色的脚本
区，可能同时包
含多个事件

图3-23

本章大致介绍了程序积木堆砌的方式与技巧，从第4章开始，我们将以实际范例的形式为大家进行介绍，通过对不同范例的解说，让大家快速掌握Scratch中各种程序积木的精华。

第4章

建立对话——
地方风光导游

程序项目的说明

　　这个范例是观光客与导游之间的问与答，通过图注解说方式来介绍旗津的美景风光与美食，而舞台背景部分则是将旗津的风光，以幻灯片放映的方式来呈现。

　　程序项目的执行效果如图4-1所示。

图4-1

4.1 对话脚本

利用Scratch中的程序积木，也可以制作出两人或多人的对话内容，只要事先将对话内容编写好，估算出对话的时间，再将相关角色安排进去，就可以很快完成项目的制作。在这个程序项目中，观光客与导游的对话内容如下：

问：旗津在哪里？(3秒)

答：旗津位于中国台湾省高雄市西方近海，是一个狭长的沙洲，为高雄港口发源地。(6秒)

问：如何去旗津？(3秒)

答：前往旗津除了通过过港隧道，也可以搭乘渡轮，航程仅短短几分钟。(7秒)

问：旗津有哪些好玩的地方？(3秒)

答：观光客徒步走得到的，包括旗后的炮台、灯塔、天后宫、观光市场、星空隧道、海水浴场。(9秒)

答：骑自行车可以到风车公园、观光渔港、广济宫、高字塔、过港隧道、中洲轮站、海洋探索馆。(12秒)

问：旗津的美食哪里能找到？(3秒)

答：轮渡站前的庙前路两旁有许多海产餐厅，需要炒、油炸或做汤，任君挑选。(7秒)

答：中洲二路的万二、万三热炒店，名气也是响叮当。(6秒)

答：夏天可以来一碗超大的水果冰，份量足够三五好友一同享用。(7秒)

答：还有西红柿切盘，古早味的沾酱，咸咸甜甜的姜香，只有在旗津才能吃到。(7秒)

4.2 构建角色造型与舞台背景

在角色方面至少需要两个人物：一位是观光客；另一位是导游人员，这两个角色可以从角色库中直接选取。另外，我们需要绘制可以让观光客和导游站立的平台，舞台背景则是与旗津有关的照片，已预先使用绘图软件将图像调整成480像素×360像素的尺寸，只要直接导入进来即可使用。至于程序项目的标题文字，则通过上传文件的方式来导入，以便让观看者了解此程序项目所要表达的主题意义。

4.2.1 从角色库中选取主题人物

首先依次选择"文件/新建项目"菜单选项，新建一个空白程序项目，再依次选择"文件/保存"菜单选项，将这个项目命名为"旗津风光导游.sb2"，然后进行主题人物的设置。具体步骤如图4-2~图4-4所示。

单击该按钮进入角色库

图4-2

1 选择Cassy角色

2 单击"确定"按钮

图4-3

1 采用上面相同的方式加入Avery角色

2 利用鼠标右键单击多余的"猫咪"角色，在弹出的快捷键菜单中选择"删除"选项将其删除

图4-4

4.2.2 编辑与修改主题人物

前面加入的两个人物，由于站立的方向都是向右，因此我们将通过"造型"选项卡来改变Avery的方向。另外，Cassy角色包含4个造型，在此项目中仅会用到两个造型，需要将多余的造型删除。具体步骤如图4-5和图4-6所示。

1 单击此角色

2 切换到"造型"选项卡

3 单击这个按钮，将第2个与第3个造型删除

图4-5

1 切换这个造型

2 按序单击两个造型

3 单击该按钮，将造型左右翻转

4 瞧！观光客与导游面对面了

图4-6

4.2.3 绘制站立的平台

观光客与导游角色确定后,接下来要绘制地平面,以便让人物有站立的空间。此处将使用Scratch中提供的绘图工具进行绘制,具体步骤如图4-7~图4-11所示。

——单击该按钮绘制新角色

图4-7

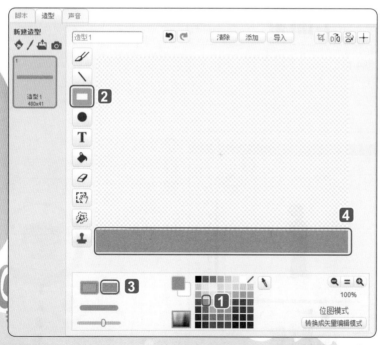

1 选择颜色

2 选择工具

3 设置为填充效果

4 绘制矩形区块

图4-8

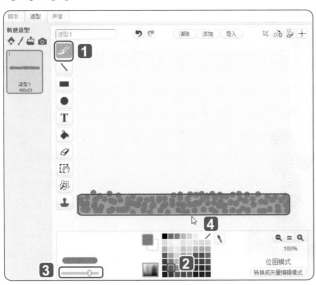

图4-9

1 单击"画笔工具"按钮

2 选择颜色

3 调整画笔的粗细

4 随意单击矩形区域

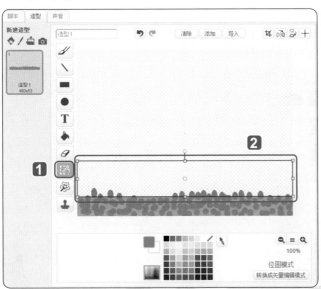

图4-10

1 单击"选择工具"按钮

2 使用鼠标拖动出如图所示的矩形框，再按Delete键将其删除

图4-11

4.2.4 从本地文件中上传背景

接下来我们将旗津的相关风景照片通过舞台背景上传进来。具体步骤如图4-12~
图4-15所示。

图4-12

❶ 单击舞台背景

❷ 单击该按钮，从本地文件中上传
背景

分别单击两个主题人物，调整
位置使其站立在地平面上

图4-13

1 切换到文件所在的位置

2 选择图像文件

3 单击"打开"按钮

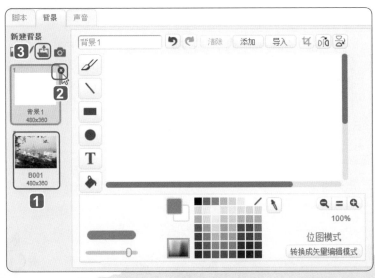

图4-14

1 第1张背景图像已经导入

2 单击该按钮,将空白的背景图像删除

3 按序单击该按钮,将B002~B021的旗津风景照片都导入进来

04

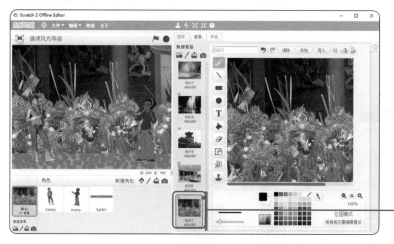

完成所有背景图像
的导入

图4-15

4.2.5 上传标题版面

完成背景图像的导入后，准备将标题版面上传到Scratch中。具体步骤如图4-16~图4-18所示。

01

1 切换到该角色

2 单击该按钮，从本地文件中上传角色

图4-16

02

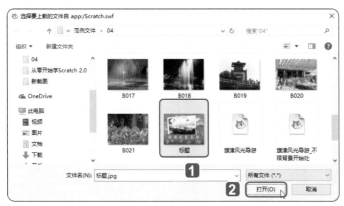

1 选择该图像文件

2 单击"打开"按钮

图4-17

03

将图像移到画面中央，使其覆盖整个舞台

图4-18

4.3 程序设计要点

在这个程序项目中，我们将会运用到如表4-1所示的三个类型的程序积木，在此先为大家进行说明。

表4-1 不同类型的程序积木说明

类型	程序积木	说明
事件	当 🏳 被点击	当"绿旗"按钮被单击时，就开始执行下方的每一个程序积木
控制	等待 ① 秒	设置等待的时间，再继续执行其下方的程序积木
控制	重复执行	重复执行内层的程序积木
控制	停止 全部 ▼	停止执行所有角色的程序积木
外观	将背景切换为 B021 ▼	指定背景的名称
外观	下一个背景	下一个背景
外观	说 Hello! ② 秒	以图注方块说出文字内容，并指定秒数
外观	显示	设置让角色显示在舞台上
外观	隐藏	设置让角色在舞台上隐藏起来

在脚本规划上，当"绿旗"按钮被单击后，先让"旗津风光导游"的标题在舞台上出现4秒钟，以便显示程序项目的主题。接着将标题隐藏起来，这样下方的观光客和导游就可以被看到，然后按照对话脚本来设置程序积木。以观光客为例，当她提问"旗津在哪里？"，那么提问的3秒钟就是导游等待的时间；反之，导游在解说旗津的位置时，那6秒钟的时间就是观光客等待的时间，以此类推（对话脚本请自行打开"旗津介绍.doc"文件）。至于舞台背景在不断地更换旗津风景照片，只要让程序控制几秒之后切换背景图像即可。

4.4 标题版面设置

当"绿旗"按钮被单击时，让标题版面显示4秒，然后自动隐藏起来。依此概念，切换到"脚本"选项卡，如图4-19所示，将4个程序积木堆砌起来即可完成，如图4-20所示。

01

—— 在角色区先单击"标题"角色

图4-19

02

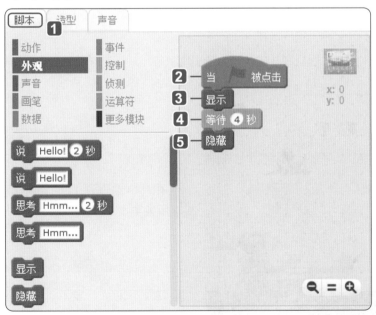

1 切换到"脚本"选项卡

2 在"事件"类型中加入这个程序积木

3 在"外观"类型中加入"显示"的程序积木

4 在"控制"类型加中入"等待"的程序积木，双击鼠标将数值修改为4

5 在"外观"类型中加入"隐藏"的程序积木

图4-20

设置完成后，大家可以单击"绿旗"按钮，即可看到如图4-21和图4-22所示的效果。

图4-21

① 单击"绿旗"按钮

② 出现此标题版面

图4-22

背景底图会因为在"背景"选项卡中选取图像的不同而有所差异

4秒钟时间过后，标题版面不见了，显示观光客和导游

4.5 观光客与导游的对话设置

观光客和导游出现后，接下来设置两个人的对话。打开"旗津介绍.doc"文件，以便可以直接将文字内容拷贝到程序积木中。

4.5.1 观光客的提问设置

观光客Cassy有两个造型，根据其动作设置为如图4-23所示的两种状态。

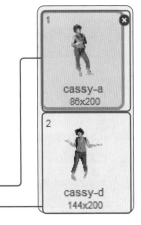

设置为聆听导游说话时的表情
设置为询问导游时的表情（提问时）

图4-23

另外，当"绿旗"按钮被单击时，前面还有4秒钟标题版面出现的时间，因此这里也要一起加入才行。具体步骤如图4-24和图4-25所示。

在角色区单击这个角色

图4-24

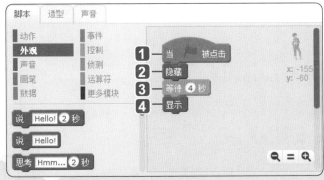

图4-25

1 在"事件"类型中加入这个程序积木

2 当标题版面出现时，设置观光客Cassy为隐藏状态

3 等待4秒钟的时间（标题版面出现的时间）

4 设置Cassy显示在舞台上

下面设置观光客Cassy提问时的造型、提问的问题、聆听时的造型及等待导游回答的时间，如图4-26所示。

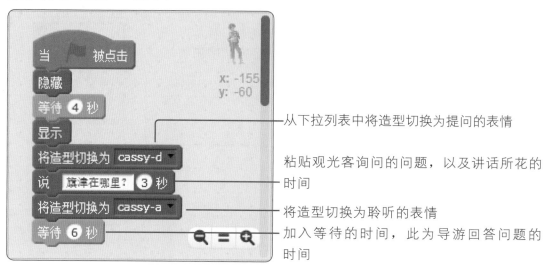

从下拉列表中将造型切换为提问的表情

粘贴观光客询问的问题，以及讲话所花的时间

将造型切换为聆听的表情

加入等待的时间，此为导游回答问题的时间

图4-26

然后按照对话的内容，通过鼠标右键"复制"程序积木，并修改程序积木的内容，即可完成观光客的程序积木堆砌，具体步骤如图4-27~图4-29所示。

01

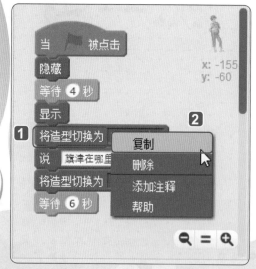

1 在这个程序积木上单击鼠标右键
2 选择"复制"选项

图4-27

02

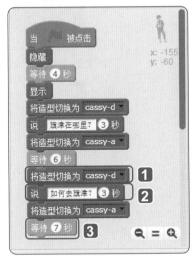

1 继续堆砌在程序积木下方。
2 修改提问的问题和时间。
3 设置等待的时间。

图4-28

03

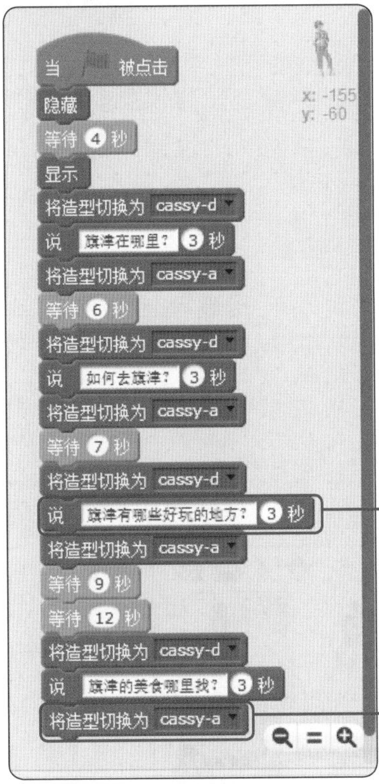

采用上面相同的方式完成观光客的程序积木堆砌

最下方的等待时间设不设置都可以

图4-29

设置完程序积木并堆砌后，单击“绿旗”按钮执行程序项目，当观光客提问时，就会显示如图4-30所示的图注解说的文字与动作。

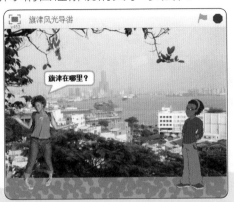

图4-30

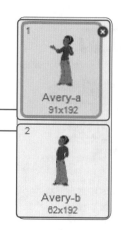

图4-31

4.5.2 导游的回答设置

导游也有两个造型，根据其动作设置为如图4-31所示的两种状态。

设置导游解说时的表情（回答状态）————

设置导游聆听问题时的表情————

同样地，当"绿旗"按钮被单击时，前面4秒钟标题版面出现的时间也要一起加入才行，具体步骤如图4-32~图4-35所示。

图4-32

在角色区单击这个角色

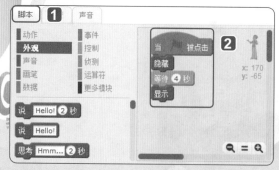

图4-33

1 切换到"脚本"选项卡

2 采用前面相同的方式，当标题版面出现时，先隐藏导游，4秒钟时间过后再让导游显示在舞台上

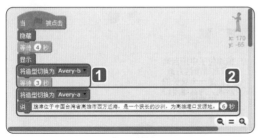

图4-34

1 设置聆听问题的造型与等待的时间
2 设置回答时的造型、回答的内容与时间

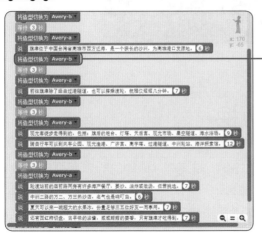

单击鼠标右键，复制程序积木并修改，完成导游回答的内容

图4-35

当导游回答完问题后，如果希望恢复到聆听问题时的造型，并停止执行全部的角色，那么还需要加入如图4-36所示的两个程序积木。

等待 3 秒
将造型切换为 Avery-a ▼
说 轮渡站前的庙前路两旁有许多海产餐厅，要炒、油炸或做汤，任君挑选。 7 秒
说 中洲二路的万二、万三热炒店，名气也是响叮当。 6 秒
说 夏天可以来一碗超大的水果冰，份量足够三五位好友一同享用。 7 秒
说 还有西红柿切盘，古早味的沾酱，威威甜甜的姜香，只有旗津才吃得到。 7 秒
将造型切换为 Avery-b ▼
停止 全部 ▼

x: 170
y: -65

加入这两个程序积木

图4-36

完成以上设置后，单击"绿旗"按钮执行程序项目，即可看到完整的对话内容，如图4-37所示。对话完毕时，程序项目也会自动结束。

图4-37

4.6 舞台背景照片的切换

在舞台背景方面，当"绿旗"按钮被单击时，先等待4秒钟的标题版面时间，就将背景切换为B001，停顿3.5秒钟之后，则切换到下一个背景并停顿3.5秒钟，如此反复。按照这种构想，我们将在舞台背景处加入以下程序积木，如图4-38~图4-40所示。

在角色区单击舞台背景

图4-38

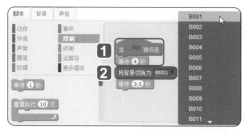

① 加入该程序积木，单击"绿旗"按钮后先等待4秒钟的时间

② 再将背景切换为第1张照片的编号，并停顿3.5秒钟

图4-39

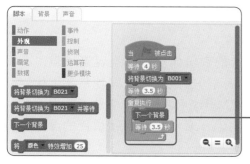

接着重复切换到下一个背景，停顿时间为3.5秒

图4-40

至此，整个程序项目就大功告成了，我们可以观赏一下辛苦制作完成的作品。

另外需要提及的是，如果大家不在意背景照片从哪里开始播放，可以将程序堆砌成如图4-41所示的效果。（参考范例：旗津导游风光_不限背景开始处.sb2）

标题版面出现后，背景照片会以上次结束的位置继续播放背景。

图4-41

第5章

角色控制
——圣诞节贺卡制作

程序项目的说明

这个范例是以圣诞节为主题，在动听的音乐伴奏下，圣诞老人驾着雪橇，带着满满的圣诞礼物，在雪花纷飞的雪景中，缓缓地从左上角的天空下降至右边的雪地上，标题文字Merry Christmas则是不断地变换色彩。当音乐结束时，动态贺卡也将停下来。这个程序项目的画面效果如图5-1所示。

图5-1

5.1 构建角色与舞台背景

了解贺卡表现的方式后，首先将相关的背景图像与角色逐一上传到Scratch中。

5.1.1 从本地文件中上传背景

依次选择"文件/新建项目"菜单选项，打开一个空白程序项目，再从"角色区"单击舞台背景，准备从本地文件中上传背景，具体步骤如图5-2~图5-4所示。

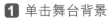

1 单击舞台背景

2 单击该按钮，从本地文件中上传背景

图5-2

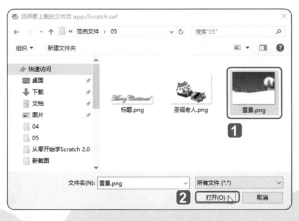

1 选择雪景图像

2 单击"打开"按钮

图5-3

1 瞧！舞台背景已显示为雪景图像

2 依次选择"文件/保存"菜单选项，将文件命名为"圣诞节贺卡.sb2"

图5-4

5.1.2 从本地文件中上传角色与标题文字

舞台背景确定后，接着将圣诞老人的角色与标题文字导入进来。导入方式如图5-5~图5-7所示。

1 单击角色

2 单击该按钮，从本地文件中上传角色

图5-5

1 按住Ctrl键选择这两个图像文件

2 单击"打开"按钮

图5-6

上传后，单击"角色1"角色，再通过单击鼠标右键将多余的猫咪角色删除

图5-7

5.1.3 绘制雪花纷飞

制造圣诞气氛，免不了要有雪花纷飞的效果，在此我们直接运用Scratch中所提供的"画笔工具"来绘制。绘制"雪花纷飞"角色的方式如图5-8~图5-10所示。

01

在角色区单击"绘制新角色"按钮

图5-8

02

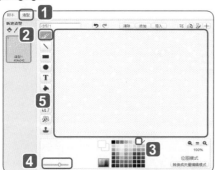

1 切换到"造型"选项卡

2 单击"画笔工具"按钮

3 选择白色

4 设置画笔的宽度

5 绘出下雪效果

图5-9

03

将刚刚绘好的雪花移到舞台中央，完成版面的设置

图5-10

5.2 程序积木的介绍

在这个范例中，我们将会运用到如表5-1所示的9个程序积木。

表5-1 不同类型的程序积木及其说明

类型	程序积木	说明
事件	当 ▢ 被点击	当"绿旗"按钮被单击时，就开始执行下方的每一个程序积木
控制	等待 1 秒	设置等待的时间，再继续执行其下方的程序积木
控制	重复执行	重复执行内层的程序积木
控制	停止 全部 ▾	停止执行所有角色的程序积木
外观	移至最上层	将角色移到其他角色的上层
外观	将 颜色 ▾ 特效增加 25	设置角色的图形特效，其效果包括颜色、超广角镜头、旋转、像素化、马赛克、亮度、虚像。在此范例中，我们将运用到"颜色"的特效
动作	移到 x: -2 y: 5	移到舞台的（X，Y）坐标位置
动作	在 1 秒内滑行到 x: -2 y: 5	在__秒内，将角色滑行到舞台的（X，Y）坐标位置
声音	播放声音 pop声 ▾ 直到播放完毕	播放声音直到声音播放完毕，才继续执行下方的程序积木

5.3 雪花纷飞的设置

在贺卡中，我们将营造出雪花从上向下飘落的效果。当"绿旗"按钮被单击时，先将雪花角色的底端放在舞台上方，等待0.5秒钟后再按序向下移动，重复这样的动作就会有下雪的效果。具体步骤如图5-11~图5-16所示。

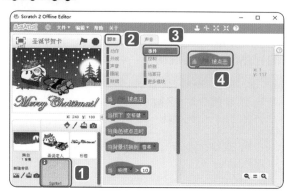

1 单击雪花的角色

2 切换到"脚本"选项卡

3 单击"事件"类型

4 先在脚本区中加入这个程序积木

图5-11

1 先将雪花向上移，只留下几片雪花

2 切换到"动作"类型

3 使用鼠标把这个程序积木拖动到脚本区，而程序积木的字段中自动显示当前角色的坐标位置

图5-12

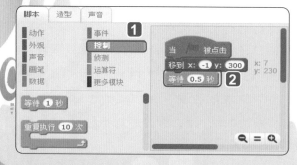

1 切换到"控制"类型

2 加入"等待0.5秒"的程序积木

图5-13

图5-14

① 将雪花向下拖动至此

② 切换到"动作"类型

③ 拖动这个程序积木到脚本区

图5-15

采用上面相同的方式按序将雪花下移，并加入"等待"与"移到"的程序积木

图5-16

① 切换到"控制"类型

② 加入"重复执行"的程序积木，以便当"绿旗"按钮被单击时，雪花不停地从上向下移动

③ 单击"绿旗"按钮观看动画效果

5.4 圣诞老人的设置

　　雪花纷飞的效果设置完成后，接着要让圣诞老人驾着雪橇从左上角慢慢下移到右下方的雪地上。我们先设置当"绿旗"按钮被单击时，圣诞老人的起始位置，然后每隔1秒钟的时间再继续下移圣诞老人到指定的位置上。程序积木堆砌步骤如图5-17~图5-21所示。

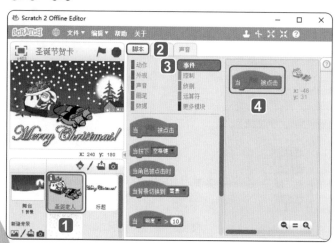

1 单击"圣诞老人"角色
2 切换到"脚本"选项卡
3 单击"事件"类型
4 先在脚本区加入此程序积木

图5-17

1 先将角色向上移，只留下麋鹿的头
2 切换到"动作"类型
3 使用鼠标拖动这个程序积木到脚本区，而程序积木的字段中自动显示当前角色的坐标位置

图5-18

1 将角色向下拖动至此

2 拖动此程序积木至脚本区

图5-19

1 采用相同的方式按序调整圣诞老人的位置

2 按序将这个程序积木拖动到脚本区

图5-20

1 切换到"控制"类型

2 加入"重复执行"的程序积木，以便重复执行内层的程序指令

3 单击"绿旗"按钮观看移动效果

图5-21

5.5 标题文字的颜色变化

在文字方面，为了不让标题被雪花或圣诞老人给遮住，我们可以运用 **外观** 类型中的"移至最上层"指令（或程序积木），让标题永远保留在最上方。另外，再加入颜色特效的改变，让标题文字可以不断地变换颜色。具体步骤如图5-22~图5-25所示。

1 单击"标题"角色

2 切换到"事件"类型

3 把程序积木加到脚本中

图5-22

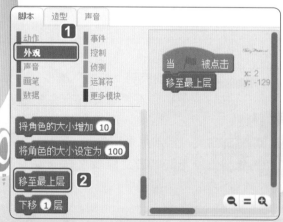

1 切换到"外观"类型

2 加入该程序积木，使文字保留在最上方

图5-23

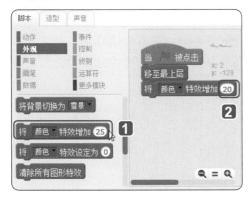

图5-24

03

1 继续加入该程序积木

2 将数值更改为20

图5-25

04

1 切换到"控制"类型

2 加入"重复执行"的程序积木，以便不断地重复颜色的改变

3 单击"绿旗"按钮检测标题的变色效果

4 瞧！文字变换颜色了

5.6 背景音乐的播放

这个范例的主题是圣诞节贺卡，虽然画面动感十足，但是少了音乐的衬托，欢乐的气氛就显得薄弱些。因此，在范例的最后，我们要加入轻快的音乐来进行点缀。

5.6.1 新建声音

要从现有的声音库中选取声音，可通过"声音"选项卡来新建，具体步骤如图5-26~图5-28所示。

1 单击舞台背景

2 切换到"声音"选项卡

3 单击"从声音库中选取声音"按钮

图5-26

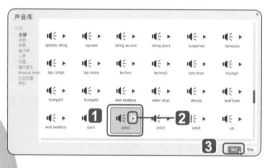

1 选择声音文件夹

2 单击该按钮，可以试听声音效果

3 单击"确定"按钮

图5-27

1 瞧！新的声音已经加入进来了

2 使用鼠标右键单击多余的声音，在弹出的快捷菜单中选择"删除"选项将其删除

图5-28

5.6.2 播放声音

　　背景音乐选好之后，我们必须通过程序积木的堆砌，才可以在舞台背景上播放指定的声音，具体步骤如图5-29~图5-31所示。

1 单击舞台背景

2 切换到"事件"类型

3 先加入这个程序积木

图5-29

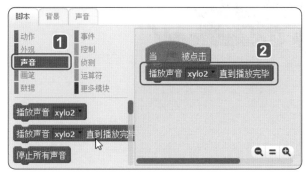

1 切换到"声音"类型

2 加入此程序积木至脚本区

图5-30

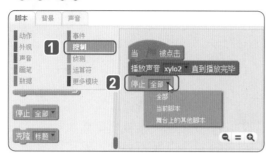

① 切换到"控制"类型
② 加入此程序积木，并设置停止"全部"

图5-31

完成以上设置后，我们预览效果时就会发现，当音乐结束时，动态画面也会自动停止下来，如图5-32所示。

图5-32

第6章

角色控制
——相册浏览

程序项目的说明

这个范例是介绍宜兰的景点——Vilavilla魔法农场，舞台右侧提供了10个景色的缩略图，浏览者只要单击缩略图，就会在舞台上显示放大的景色照片。这个程序项目的屏幕显示画面效果如图6-1所示。

图6-1

6.1 构建角色与舞台背景

首先将背景图像与相关的角色逐一上传到Scratch中以备使用。

6.1.1 上传舞台背景

依次选择"文件/新建项目"菜单选项，打开一个空白程序项目，再依次选择
"文件/保存"菜单选项，将程序项目命名为"相册浏览.sb2"，然后进行舞台背景
的设置，具体步骤如图6-2~图6-4所示。

1 单击舞台背景

2 单击该按钮，从本地文件中上传
   背景

图6-2

1 选择背景图像

2 单击"打开"按钮

图6-3

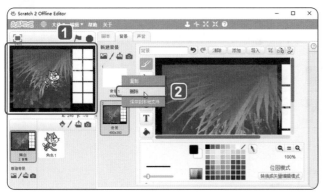

1 显示加入的背景图像

2 切换到"背景"选项卡，利用鼠标右键单击多余的空白背景，在弹出的快捷菜单中选择"删除"选项将其删除

图6-4

6.1.2 从本地文件中上传角色与前景标题

舞台背景确定后，接下来将前景的标题与景色缩略图逐一加入到角色区中，具体步骤如图6-5~图6-7所示。

在角色区中单击该按钮，准备从本地文件中上传角色

图6-5

1 单击10个图像文件和标题图像文件的缩略图

2 单击该按钮打开这些文件

图6-6

将图像从上到下（1~5），从左到右按序排列成如图所示的效果

图6-7

虽然刚上传的图像缩略图全部集结在一起，但是当我们在舞台上单击某一张缩略图时，角色区也会自动显示该缩略图的名称，因此我们可以根据图像文件的名称，把景色缩略图移到指定的位置上即可。另外，可通过右键快捷菜单将多余的猫咪角色删除，如图6-8所示。

利用鼠标右键单击猫咪角色，在弹出的快捷菜单中选择"删除"选项将其删除

图6-8

6.2 堆砌缩略图角色的程序积木

　　10个景色缩略图都定位后，接下来加入程序积木。当"绿旗"按钮被单击时，造型就设置为当前的图像缩略图名称，同时指定每个图像缩略图的坐标位置。程序堆砌的方式如图6-9~图6-11所示。

1 单击A01角色

2 切换到"脚本"选项卡

3 单击"事件"类型

4 将这个程序积木加入到脚本区

图6-9

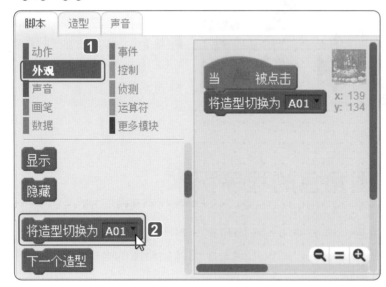

1 切换到"外观"类型

2 将这个程序积木加入
到脚本区

图6-10

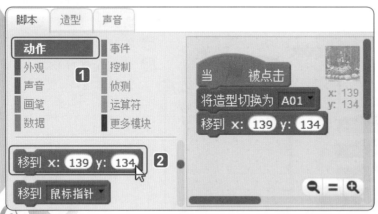

1 切换到"动作"类型

2 加入这个程序积木

图6-11

　　完成以上三个程序积木的堆砌后，位于左上角的A01缩略图，只要"绿旗"按钮被单击，它就会固定在（139，134）的坐标位置上。采用上面相同的方式，按序完成A02~A10缩略图程序积木的堆砌，如表6-1所示。

表6-1 A02~A10缩略图程序设计

角色名称	堆砌的程序积木	角色名称	堆砌的程序积木
A02	当 被点击 将造型切换为 A02 移到 x: 139 y: 74	A07	当 被点击 将造型切换为 A07 移到 x: 199 y: 75
A03	当 被点击 将造型切换为 A03 移到 x: 139 y: 13	A08	当 被点击 将造型切换为 A08 移到 x: 199 y: 15
A04	当 被点击 将造型切换为 A04 移到 x: 139 y: -46	A09	当 被点击 将造型切换为 A09 移到 x: 199 y: -46
A05	当 被点击 将造型切换为 A05 移到 x: 139 y: -105	A10	当 被点击 将造型切换为 A10 移到 x: 199 y: -104
A06	当 被点击 将造型切换为 A06 移到 x: 199 y: 135		

6.3 从本地文件中上传角色的造型

当图像缩略图的角色位置都确定后，切换到"造型"选项卡，按序将所有正常大小的图像文件（即大图）上传到Scratch中以备用，具体步骤如图6-12~图6-15所示。

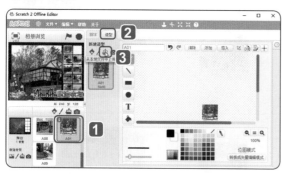

1 按序单击图像缩略图编号

2 切换到"造型"选项卡

3 单击该按钮,从本地文件中上传造型

图6-12

1 按序单击对应的正常大小的图像文件（即大图）

2 单击该按钮打开这些文件

图6-13

1 加入大图时,本图会自动显示在画面的右上位置

2 单击图像缩略图,使画面恢复正常

图6-14

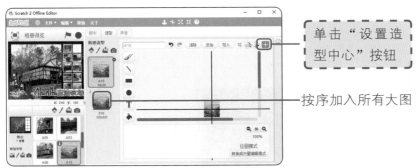

单击"设置造型中心"按钮

按序加入所有大图

图6-15

通常在加入造型时，其造型中心的位置会在画面的中央，但是在加入大图的过程中，造型中心点的位置偶尔会跑到左上角，此时建议大家单击 ▦ 按钮，重新设置造型中心的位置。

6.4 设置缩略图变大图

前面我们已经用图像缩略图的程序积木设置好了位置，当浏览者单击图像缩略图的角色时，就会让造型切换到下一个造型（也就是刚才加入的正常大小的图像，即大图），然后指定大图要放置的坐标位置。如果被鼠标单击（即其他的图像缩略图被单击，或者单击到原缩略图的位置时），再将大图恢复到原来的缩略图及其原来的位置，这样就可以不断地切换画面了。其程序积木堆砌的步骤如图6-16~图6-22所示。

❶ 单击A01图像缩略图角色

❷ 在"事件"类型中先加入"当角色被单击时"的程序积木

❸ 继续在"外观"类型中加入"下一个造型"的程序积木

图6-16

图6-17

1 切换到"造型"
   选项卡

2 单击大图

3 使用鼠标将大图
   移到绿色方框中

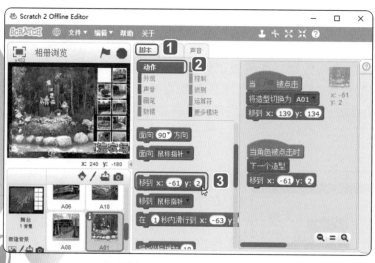

图6-18

1 切换到"脚本"
   选项卡

2 单击"动作"类型

3 将这个程序积木
   堆砌到脚本区,
   此坐标即是大图
   的坐标位置

04

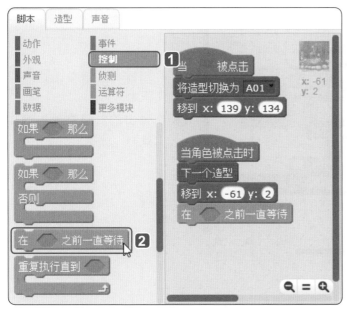

图6-19

1 切换到"控制"类型

2 加入"在__之前一直等待"的程序积木

05

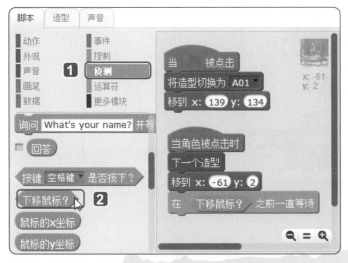

图6-20

1 切换到"侦测"类型

2 将这个程序积木镶嵌在"在__之前一直等待"的程序积木中

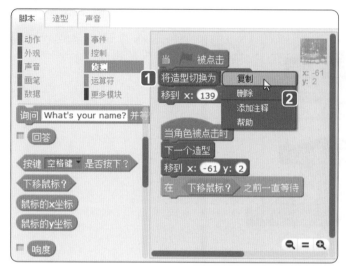

图6-21

1 利用鼠标右键单击这个程序积木

2 在弹出的快捷菜单中选择"复制"选项

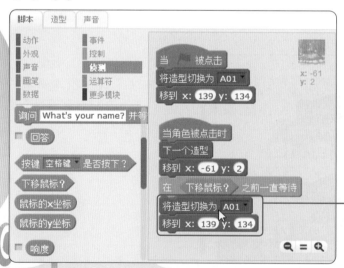

将复制的程序积木堆砌在最下方。至此，完成A01角色程序积木的设置

图6-22

完成以上的程序堆砌后，现在来测试一下程序执行时的画面效果，如图6-23和图6-24所示。

01

图6-23

1 先单击"绿旗"按钮

2 单击这个图像缩略图

02

图6-24

1 瞧！小图不见了，变成大图显示在此

2 单击这个缩略图或其他缩略图，画面恢复原状

标题文字虽然被遮住了，后面将标题设置在上层即可

6.5 复制与修改程序积木到其他缩略图角色

在上面的A01缩略图角色的执行没有问题后，现在就可以通过复制与修改的方式，按序完成其他9个缩略图角色的程序积木堆砌，具体步骤如图6-25~图6-28所示。

1️⃣ 在A01缩略图角色中单击这个程序积木并按住鼠标不放

2️⃣ 使用鼠标将程序积木拖动到A02缩略图角色中

图6-25

1️⃣ 切换到A02缩略图角色

2️⃣ 将刚刚复制过来的程序积木下移，使之分开

3️⃣ 将下方两个程序积木分离，并利用鼠标右键单击，在弹出的快捷菜单中选择"删除"选项将其删除

图6-26

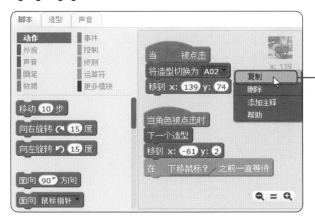

利用鼠标右键单击这个程序积木，在弹出的快捷菜单中选择"复制"选项将其复制

图6-27

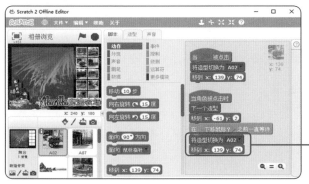

将复制的程序积木接在最下方，完成A02缩略图角色的复制与修改

图6-28

采用上面相同的方式按序完成A03~A10缩略图角色的设置。

6.6 将标题文字设置在上层

在前面的设置中，眼尖的读者可能已经注意到，标题文字被大图遮住了。现在我们准备在"标题"角色中加入程序积木，让"绿旗"按钮被单击时，"标题"角色自动移到最上层，具体步骤如图6-29~图6-31所示。

① 单击"标题"角色

② 切换到"事件"类型

③ 加入这个程序积木

图6-29

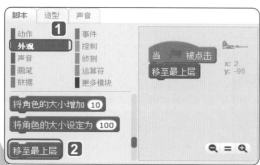

① 切换到"外观"类型

② 加入这个程序积木,完成"标题"角色的设置

图6-30

① 单击该按钮,测试程序项目

② 单击图像缩略图后,大图已不会再遮住标题了

图6-31

第7章

动态造型制作
——篮球运球教学

程序项目的说明

这个范例主要是将智能手机所拍摄的篮球运球动作，利用视频软件转存成序列图像文件并导入到Scratch中，除了可以通过按钮切换到不同的视频画面外，还可以使用键盘上的à键（即右移键或称为向右方向键）或ß键（即左移键，向左方向键）来观看前后画帧，或者通过空格键让重复播放的视频停止播放。程序项目执行时的效果如图7-1所示。

图7-1

7.1 将视频另存为序列图像

首先将手机拍摄的视频先保存到计算机中，这里笔者以Corel VideoStudio X7的视频软件作为示范说明，告诉大家如何将mp4格式的视频导入到"会声会影"软件中，并导出为序列图像。"会声会影"软件的试用版本有30天的试用期，可自行到Corel官方网站上下载。视频转存为序列图像的步骤如图7-2~图7-12所示。

1 启动"会声会影"软件，切换到"编辑"选项卡

2 单击"媒体"按钮

3 单击该按钮，导入媒体文件

图7-2

1 选择数字视频

2 单击"打开"按钮打开文件

图7-3

1 单击刚刚导入的数字视频并按住鼠标不放

2 将视频缩略图拖动到时间轴的视频轨道中

图7-4

1 切换到"输出"选项卡

2 单击"计算机"按钮

3 选择"自定义"

4 从下拉列表中选择"友立图像序列[*.uis]"的文件格式

5 单击该按钮设置格式选项

图7-5

① 切换到"常规"选项卡

② 在这里设置画帧大小

图7-6

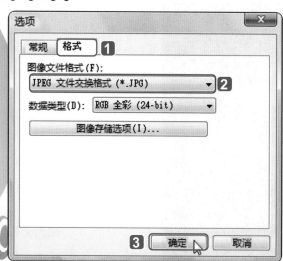

① 切换到"格式"选项卡

② 选择JPEG格式

③ 单击"确定"按钮

图7-7

图7-8

单击该按钮，设置存放的路径

图7-9

1 新建文件夹，并选择放置的路径

2 输入文件名称

3 单击"保存"按钮保存文件

单击"开始"按钮，
开始输出文件

图7-10

文件建立成功，单
击"确定"按钮

图7-11

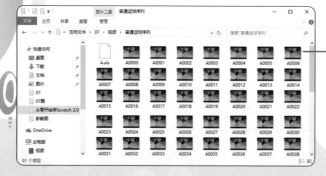

打开这个文件夹，即可
看到数字视频已转存为
JPEG格式的图像文件

图7-12

采用上面相同的方式，按序完成"换手左右运球"与"转身运球"图像序列文件的制作，结果如图7-13所示。

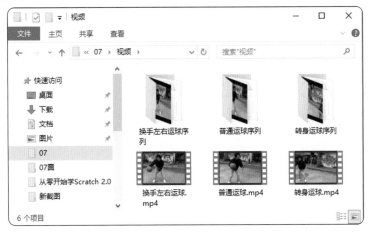

图7-13

文件转换完成后，可利用鼠标双击图像，打开Windows照片查看器浏览所有图像，如图7-14所示。以"普通运球"为例，图像序列有89张照片，这里笔者只取0~21张，只要求它们组成的动作为一个完整的循环，这样重复播放时就可以顺利衔接。至于"换手左右运球"，原195张取9~52张，而"转身运球"，原132张取0~51张。

单击该按钮，可快速浏览下一个画面

图7-14

7.2 编排舞台背景与角色造型

确定图像序列的画面后，接下来启动Scratch 2软件，按序将设计好的背景图像与角色编排到舞台上。

7.2.1 从本地文件中上传背景

首先从"角色区"将自己设计的背景图像上传到Scratch中，具体步骤如图7-15～图7-17所示。

01

启动Scratch 2软件后，单击该按钮，从本地文件中上传背景

图7-15

02

1 选择背景图像文件

2 单击"打开"按钮

图7-16

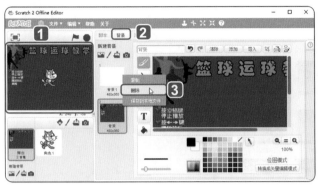

① 显示加入的背景图像

② 切换到"背景"选项卡

③ 利用鼠标右键单击多余的白色背景，在弹出的快捷菜单中选择"删除"选项将其删除

图7-17

加入背景图像后，依次选择"文件/保存"菜单选项，将文件保存为"篮球运球教学.sb2"。

在舞台背景上，笔者提供的注明是："按空格键停止播放""按←、→键播放前后画帧"。这是由于Scratch中提供的"事件"比较多样化，你的精心设计不见得每位用户都能够了解，因此设计者应该使用标注或图注的方式来提示用户。或者，在大家完成作品后，先拿给其他好友试用，如果你设计的功能或指令他们都不知道怎么使用，就表示你需要在程序项目中进行标注。

7.2.2 新建角色

在这个程序项目中，要新建的角色包括三个按钮及三个运球教学的画面。

● 上传运球教学画面

这里我们以"普通运球"的画面来进行说明。新建角色的方式如图7-18~图7-20所示。

单击该按钮，从本地文件中上传角色

图7-18

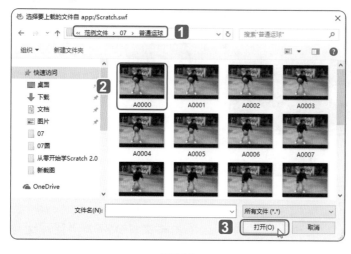

图7-19

1 进入此路径
2 选择第一张图像文件
3 单击"打开"按钮

图7-20

1 将运球画面对齐右边界与下方边界
2 利用鼠标右键单击多余的猫咪角色，在弹出的快捷菜单中选择"删除"选项将其删除

"普通运球"的角色上传后，按序将"换手左右运球"与"转身运球"的第一张角色图像也上传进来，此时角色区的显示如图7-21所示。

1 单击该按钮，按序加入B0009与C0000角色

2 按序对齐右边界与下方边界，使之重叠

图7-21

● 上传角色对应的按钮

按照相同的方式，在"角色区"单击 📤 按钮，完成"普通运球""左右运球""转身运球"三个按钮对应角色的上传，画面显示如图7-22所示。

—— 三个按钮的排列

图7-22

7.2.3 新建角色的造型

版面确定后，接着要将运球的序列图像通过"造型"选项卡逐一上传，具体步骤如图7-23~图7-25所示。

图7-23

1 单击A0000角色

2 切换到"造型"选项卡

3 单击该按钮，从本地文件中上传造型

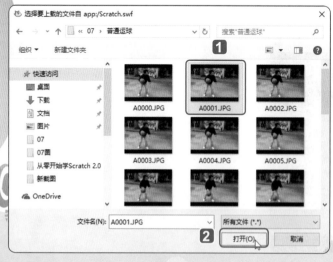

图7-24

1 选择图像的编号

2 单击该按钮打开文件

按序插入造型时，要特别留意画面位置是否跑偏了

采用上面相同的方式，完成所有普通运球造型图像的插入

图7-25

在插入造型时，必须逐个按序插入，因为一次性选择所有的造型进行插入，其编号会混乱。另外，在图像插入的过程中，要特别留意画面是否维持在相同的位置上，如果跑偏的话，必须删除后再重新插入。

接下来采用上面相同的方式，按序完成另外两组运球动作造型图像的插入，结果如图7-26和图7-27所示。

左右运球造型图像的插入

图7-26

转身运球造型图像的插入

图7-27

7.3 程序设计要点

前面已经把舞台、角色、造型等逐一设置完成，下面就要为按钮角色与运球画面进行程序积木的"堆砌"。在堆砌程序积木之前，先来说明程序项目所要设置的内容。

● 切换按钮

- 当"绿旗"按钮被单击时，让三个按钮都能够移到原先版面设置的位置。
- 当该角色按钮被单击时，就执行广播的操作。也就是说，单击"普通运球"按钮就广播"普通运球"消息，单击"左右运球"按钮就广播"左右运球"消息，以此类推。

● 运球教学画面

- 当"绿旗"按钮被单击时，让它移到原先版面设置的位置。
- 当接收到广播的消息，让该角色移到最上层，因为三个运球教学的角色是互相重叠的。同时重复执行，每隔0.1秒就会自动更换到下一个动作造型。
- 当按下空格键，就会停止广播的操作，让图像画面静止下来。
- 当按下a键（即右移键），就会将运球画面移到下一个动作造型。
- 当按下β键（即左移键），就会将造型设置为造型编号-1。

7.4 "普通运球"按钮的设置

首先设置"普通运球"按钮，具体设置步骤如图7-28~图7-33所示。

7.4.1 "绿旗"按钮被单击后的状态

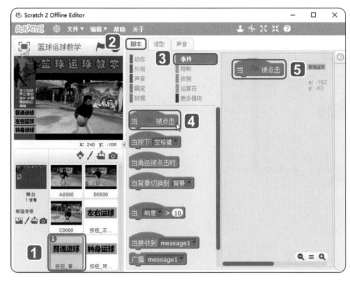

图7-28

1 单击"普通运球"角色
2 切换到"脚本"选项卡
3 单击"事件"类型
4 使用鼠标单击这个程序积木并按住鼠标不放
5 拖动到脚本区中

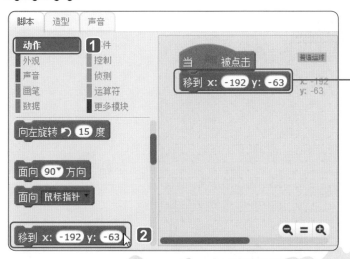

图7-29

默认的数值就是当前按钮的位置坐标

1 切换到"动作"类型
2 利用鼠标拖动这个程序积木至脚本区

7.4.2 当角色被单击时的操作

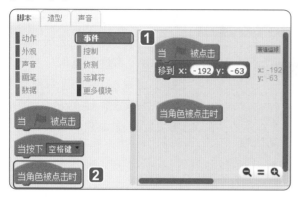

图7-30

1 切换到"事件"类型
2 将这个程序积木拖动到脚本区

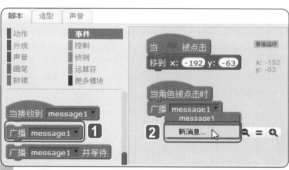

图7-31

1 继续加入这个程序积木至脚本区
2 从下拉列表中选择"新消息"

图7-32

1 输入消息名称
2 单击"确定"按钮

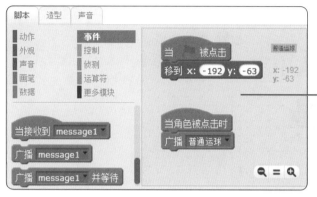

完成"普通运球"按钮
程序积木的堆砌

图7-33

7.5 复制程序积木至其他角色按钮

完成"普通运球"按钮的程序堆砌后，接下来可以通过拖动鼠标的方式，将程序积木复制到"左右运球"与"转身运球"按钮中，然后修改按钮的坐标位置与广播的内容即可，具体步骤如图7-34~图7-36所示。

1 按序使用鼠标单击脚本区中的两组程序积木，并按住鼠标不放

2 将程序积木拖动到"左右运球"角色中

3 再将程序积木拖动到"转身运球"角色中

图7-34

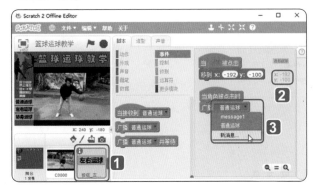

1 切换到"左右运球"角色

2 更改数值

3 从下拉列表中选择"新消息"，并将"消息名称"设置为"左右运球"

图7-35

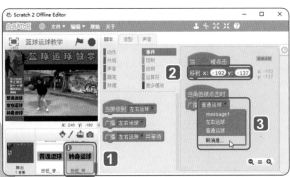

1 切换到"转身运球"角色

2 更改数值

3 从下拉列表中选择"新消息"，并将"消息名称"设置为"转身运球"

图7-36

7.6 设置"普通运球"教学画面

在"普通运球"的教学画面中，必须包含以下5个事件：

- 当"绿旗"按钮被单击；
- 当接收到消息；
- 当按下空格键；
- 当按下à键（即右移键）；
- 当按下ß键（即左移键）。

现在我们逐一来进行设置：

● 当"绿旗"按钮被单击，让它移到原先版面设置的位置（如图7-37所示）

1 在"事件"类型中加入这个程序积木

2 在"动作"类型中加入这个程序积木，使画面移到此坐标位置

图7-37

● 当接收到广播的消息时，每隔0.1秒就自动更换到下一个造型（如图7-38~图7-40所示）

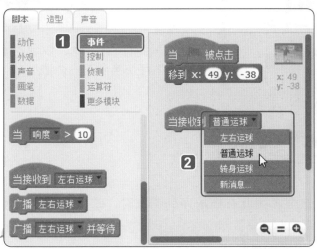

1 切换到"事件"类型

2 加入这个程序积木，并从下拉列表中选择"普通运球"消息

图7-38

02

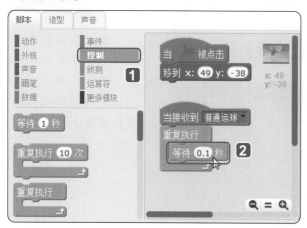

1 切换到"控制"类型

2 加入"重复执行"与"等待__秒"的程序积木，并设置等待时间为0.1秒

图7-39

03

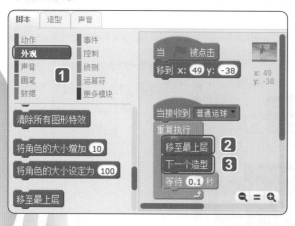

1 切换到"外观"类型

2 先加入"移至最上层"的程序积木，以避免被其他两个教学画面覆盖了

3 加入这个程序积木，以便"重复执行"可切换到下一个造型

图7-40

由于重复执行切换下一个造型，因此在播放序列图像时，眼睛因为视觉暂留的特性，就如同在看视频一样。

● 按下空格键就停止画面播放

由于图像不停地切换，为了方便观看者执行暂停的操作，以便切换到其他的运球教学，笔者在此运用了空格键来停止图像画面的播放。程序积木的堆砌如图7-41和图7-42所示。

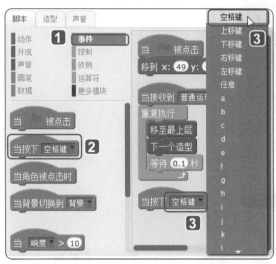

01

1 切换到"事件"类型

2 加入这个程序积木至脚本区

3 从下拉列表中选择"空格键"选项

图7-41

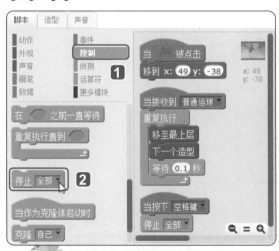

02

1 切换到"控制"类型

2 拖动这个程序积木到脚本区

图7-42

　　至此，大家可以在舞台上单击"绿旗"按钮测试一下效果，只要单击左侧的"普通运球"按钮，如图7-43所示，画面就会不断地播放，而按下空格键就可以停止画面的播放。

1 先单击"绿旗"按钮以启动程序项目

2 单击"普通运球"按钮

3 画面连续播放中

图7-43

● 按下à(即右移键),运球画面将移到下一个造型(如图7-44所示)

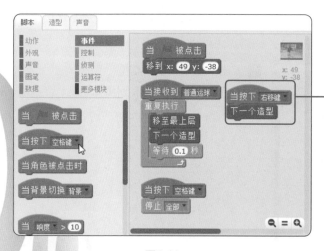

加入这两个程序积木

图7-44

● 按下ß键(即左移键),运球画面切换为造型编号 - 1

　　由于Scratch中只有"下一个造型",没有"上一个造型"的程序积木,所以要将图像画面移到上一个造型,就必须通过"将造型切换为__"、表达式、"造型#"等程序积木来进行组合。设置方式如图7-45~图7-48所示。

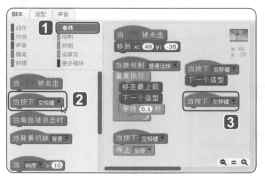

图7-45

1 切换到"事件"类型
2 加入这个程序积木
3 从下拉列表中选择"左移键"选项

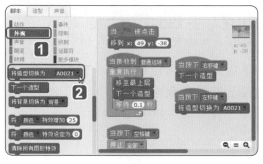

图7-46

1 切换到"外观"类型
2 加入这个程序积木

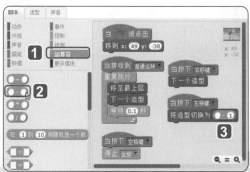

图7-47

1 切换到"运算符"类型
2 拖动此程序积木到字段中
3 后面数值设置为1

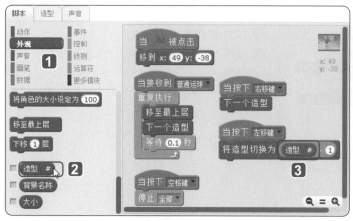

图7-48

1 切换到"外观"类型

2 拖动此程序积木到脚本区

3 将该积木镶嵌在表达式中，以便将画面切换为造型编号-1

7.7 复制程序积木至其他教学画面并修改

设置完成后，单击"绿旗"按钮查看一下效果，确定没错后进行复制工作。因为教学画面的位置相同，程序积木也相同，唯独接收的消息不同，所以下面只要对"当我接收到__"的事件进行修改即可，具体步骤如图7-49~图7-51所示。

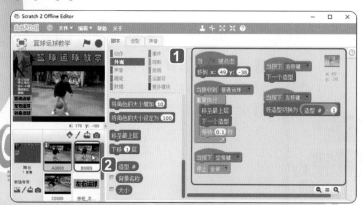

图7-49

1 按序单击脚本区中的5组程序积木

2 将程序积木拖动到这个角色中

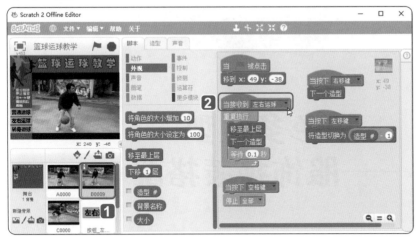

图7-50

1 切换到这个角色

2 将堆砌在一起的程序积木分开后，使它们排列如左图所示，在该下拉列表中将消息修改为"左右运球"

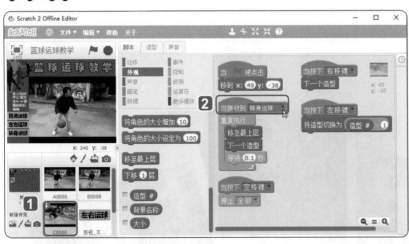

图7-51

1 采用上面相同的方式，将程序积木拖动到这个角色中

2 分开程序积木后，在该下拉列表中将消息修改为"转身运球"

第 8 章

角色多造型
——服饰换装搭配

程序项目的说明

在这个范例中，主要是为模特做服装搭配，单击模特的帽子、衣服、鞋子等部位，它就会自动进行切换，直到选到适合的服装搭配。

另外，在Scratch软件中，造型库中所存放的角色造型或背景图像，也可以转存到个人计算机中进行处理；运用PhotoImpact软件加入动态文字，并转存为动态的GIF文件，再导入到Scratch中变成连续的背景图像。关于这两个技巧，我们都将该在程序项目中进行介绍。程序项目执行时的效果如图8-1所示。

图8-1

8.1 舞台背景的处理

在舞台背景部分，我们将从背景库中挑选背景并将其转存到计算机中，通过PhotoImpact程序进行动态效果处理后，再导入到Scratch中使用。

8.1.1 从背景库中选择舞台背景

首先依次选择"文件/新建项目"菜单选项，新建一个空白程序项目，再依次选择"文件/保存"菜单选项，将这个程序项目命名为"服饰配配配.sb2"，然后从"角色区"选择舞台背景，具体步骤如图8-2~图8-4所示。

01

❶ 单击舞台背景

❷ 单击该按钮，从背景库中选择背景

图8-2

02

❶ 选择该背景图像

❷ 单击"确定"按钮

图8-3

瞧！选定的背景图像
已显示在舞台上了

图8-4

8.1.2 将背景图像转存到计算机中

选定背景图像后，单击鼠标右键可将其转存到计算机中，具体步骤如图8-5和图8-6所示。

1 切换到"背景"选项卡

2 利用鼠标右键单击背景图像

3 在弹出的快捷菜单中选择"保存到本地文件"选项

图8-5

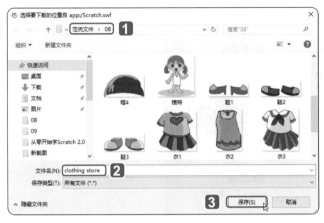

1 设置保存的位置

2 保留原有的名称

3 单击"保存"按钮完成存盘工作

图8-6

8.1.3 利用PhotoImpact X3加入创意特效文字

前面转存的图像尺寸是960像素×720像素，由于舞台大小只有480像素×360像素，所以需要使用PhotoImpact X3程序缩小图像尺寸后，再进行创意特效的处理，具体步骤如图8-7~图8-11所示。

1 在PhotoImpact中依次选择"文件/打开"菜单选项，打开clothing store.png图像文件

2 选择"调整/调整大小"菜单选项

图8-7

7

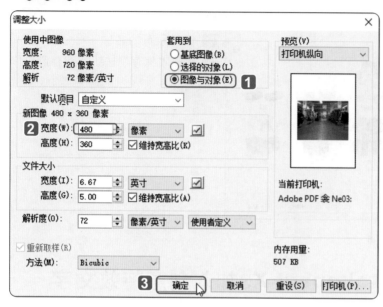

图8-8

1 选择套用到"图像与对象"

2 设置新的宽度为480像素

3 单击"确定"按钮

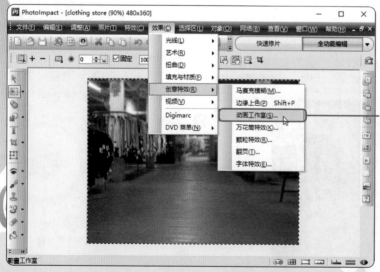

依次选择"效果/创意特效/动画工作室"菜单选项

图8-9

04

图8-10

1. 在此选择"签名"特效
2. 调整画笔的平滑、大小、程度
3. 设置画笔颜色
4. 使用鼠标在预览窗口中书写
5. 单击该按钮播放动画效果
6. 若满意,则单击"保存"按钮

> 若不满意效果,可单击该按钮清除,然后重新书写

05

图8-11

1. 设置存放的位置
2. 输入动画文件的名称
3. 单击"保存"按钮

8.1.4　上传动态GIF文件至舞台背景

动态GIF文件制作完成后,接下来就上传到Scratch中以备用,具体步骤如图8-12~图8-15所示。

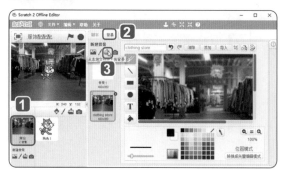

图8-12

1 单击舞台背景
2 切换到"背景"选项卡
3 单击该按钮,从本地文件中上传背景

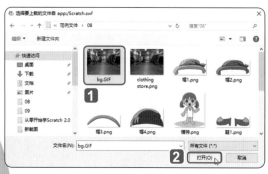

图8-13

1 选择GIF动画
2 单击"打开"按钮

图8-14

1 动态画面已导入
2 按序利用鼠标右键单击两个多余的背景图像,在弹出的快捷菜单中选择"删除"选项将其删除

背景图像只保留
bg-0~bg-9的编号

图8-15

8.2 角色的导入与程序积木的堆砌

舞台背景处理完成后，下图准备将模特、帽子、衣服、鞋子等角色与其造型导入到Scratch中，并堆砌角色的程序积木。

8.2.1 导入角色

首先将模特、帽子、衣服、鞋子等角色上传到Scratch中，具体步骤如图8-16~图8-18所示。

单击该按钮，从本地文件中上传角色

图8-16

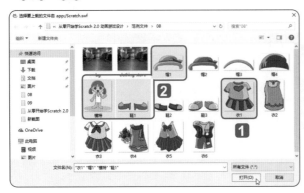

1 按住Ctrl键选择这4个图像文件

2 单击"打开"按钮

图8-17

1 按序将模特、帽子、衣服、鞋子排列成如图所示的效果

2 利用鼠标右键单击"猫咪"角色，在弹出的快捷菜单中选择"删除"选项将其删除

图8-18

8.2.2 导入造型

确认角色的位置后，接下来通过"造型"选项卡按序将帽子、衣服、鞋子的各种造型导入进来。此处以帽子为例进行讲解，具体步骤如图8-19~图8-22所示。

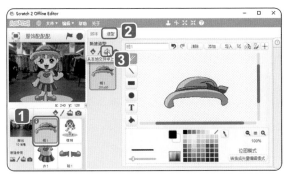

1 单击"帽1"角色

2 切换到"造型"选项卡

3 单击该按钮,从本地文件中上传造型

图8-19

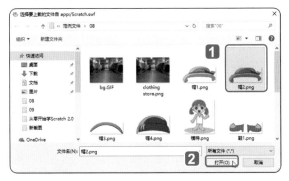

1 选择"帽2.png"文件

2 单击"打开"按钮

图8-20

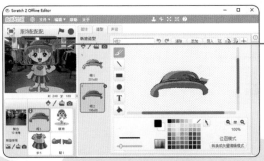

瞧!"帽2"的造型刚好戴在头顶上

图8-21

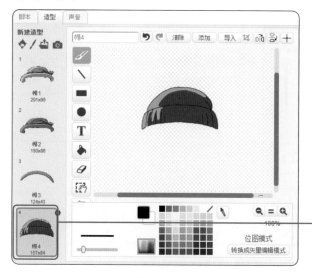

按序加入造型，并确定
帽子刚好戴在头上

图8-22

如果在加入造型的过程中，发现造型的位置有些偏移，可使用以下方式来调整
位置，具体步骤如图8-23和图8-24所示。

1 单击"选择工具"按钮
2 拖动出造型的区域范围
后，再使用鼠标移动造型
的位置

图8-23

1 单击画面，取消选取状态

2 从舞台上即可看到位移后的效果

图8-24

采用相同的步骤按序完成衣服与鞋子的造型设置，如图8-25和图8-26所示。

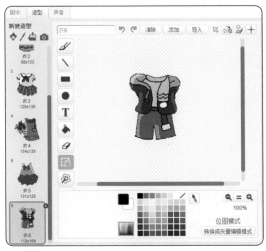

图8-25   图8-26

8.2.3 服饰的程序积木设置

想让帽子、衣服、鞋子等角色在被鼠标单击后可以进行替换，只要在脚本区中加入两个程序积木就可以了，具体步骤如图8-27~图8-30所示。

单击"帽1"角色

图8-27

1 切换到"脚本"选项卡

2 在"控制"类型中加入此程序积木

3 在"外观"类型中加入此程序积木

图8-28

1 单击此程序积木

2 按序拖动到"鞋1"与"衣1"角色中，将程序积木复制并粘贴

图8-29

完成以上设置后，单击"绿旗"按钮执行程序项目，就可以随意地更换衣服、帽子及鞋子了。

1 单击"绿旗"按钮

2 分别单击帽子、衣服、鞋子，可看到变换的情况

图8-30

8.3 标题画面的设置

大家在使用Scratch展现自己的创意时，最好提供一段文字说明，因为Scratch中提供的功能非常多，不但可以制作动画、使用键盘上的按键进行操作，还可以通过单击舞台上的角色实现不同的显示效果。所以最好把设计完成的东西拿给其他人看，看看他们的反应如何，如果自己设置的效果其他人都不知道如何使用，就代表自己设计的程序项目有需要进行改进的地方，比如加入标题或说明文字，这样可以帮助用户了解如何使用这个程序项目。

8.3.1 导入标题画面

在这个程序项目的开始，我们要加入一个标题版面，以便让用户了解此项目的主题与操作方式，具体步骤如图8-31~图8-33所示。

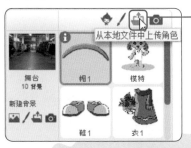

单击该按钮，从本地文件中上传角色

图8-31

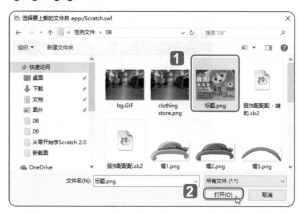

1 选择"标题.png"文件

2 单击"打开"按钮

图8-32

拖动标题版面，使画面铺满整个舞台

图8-33

8.3.2 标题画面程序积木的设置

现在标题已盖住整个舞台，接下来就是堆砌程序积木了。当"绿旗"按钮被单击时，标题版面显示3秒钟，然后就自动隐藏起来，这样后面的模特与其服饰才可以被看到，这段程序积木如图8-34所示。

1 单击此角色
2 在"事件"类型中加入此程序积木
3 在"外观"类型中加入此程序积木
4 在"控制"类型中加入此程序积木
5 在"外观"类型中加入此程序积木

图8-34

虽然标题版面一开始就出现且只有短短的3秒钟，但由于后面是以鼠标单击服饰角色来进行切换，因此被单击的服饰角色会自动移到最上层。为了避免下次执行程序项目时，某一个服饰"跑到"标题版面的上方，建议大家在"标题"角色中加入"移至最上层"的程序积木，这样就能确保标题版面永远在最上层，如图8-35所示。

图8-35

8.4 背景音乐与舞台背景的播放

因为前面我们在舞台背景中加入了动态GIF文件，所以在程序项目的最后要让背景造型不断地进行切换，才能看到动态的文字效果。另外，还要加入背景音乐作为陪衬，这样程序项目才不会太沉闷。

8.4.1 从声音库中选取声音

首先从舞台背景选定要使用的声音文件，具体步骤如图8-36~图8-38所示。

1 单击舞台背景

2 切换到"声音"选项卡

3 单击该按钮，从声音库中选取声音

图8-36

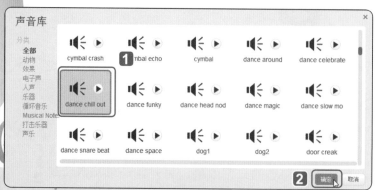

1 选择该声音文件

2 单击"确定"按钮

图8-37

03

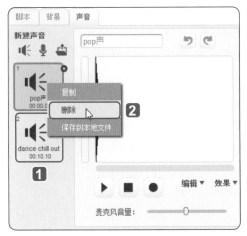

图8-38

❶ 该声音已加入进来
❷ 利用鼠标右键单击多余的声音，在弹出的快捷菜单中选择"删除"选项将其删除

8.4.2 为舞台背景堆砌程序积木

在舞台背景部分，首先要设置的是，当"绿旗"按钮被单击时，背景的造型要不停地重复切换，因此我们需加入如图8-39所示的三个程序积木，程序执行结果如图8-40所示。

01

图8-39

❶ 单击舞台背景
❷ 切换到"脚本"选项卡
❸ 在"事件"类型中加入此程序积木
❹ 在"控制"类型中加入此程序积木
❺ 在"外观"类型中加入此程序积木

1 单击"绿旗"按钮

2 看到show的英文单词不断地闪现在模特后面

图8-40

　　接下来要设置的是,当"绿旗"按钮被单击时,播放指定的音乐直到播放完毕后再重复播放,所以需要在脚本区中继续加入另外三个程序积木,即可完成整个程序项目的设计制作,如图8-41所示。

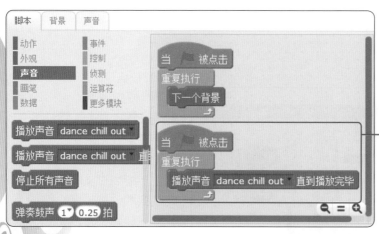

——加入这三个程序积木

图8-41

第9章

角色绘制
——种树歌场景绘制

程序项目的说明

前面的范例都是通过上传的方式，将角色导入到Scratch中使用。事实上，Scratch中也提供了绘图工具，以供用户绘制或编辑角色造型。因此，本范例就以儿童的"种树歌"为主题，整合运用"造型"选项卡中提供的各项功能来绘制种树歌的场景动画。程序项目的效果如图9-1~图9-9所示。

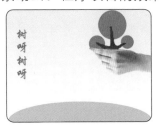

图9-1

图9-2

图 9-3

图9-4

图9-5

图 9-6

图9-7

图9-8

图 9-9

9.1 歌词脚本

种树歌是一首包含多种场景的儿歌，要制作这样的场景动画，首先要了解歌曲的节拍与场景内容，因此这里先将歌词与使用的秒数大致列出来，如表9-1所示。

表9-1　歌词与使用的秒数

歌词	秒数的累进	歌词	秒数的累进
树呀树呀	2秒	开着红的花	12秒
我把你种下	4秒	鸟来做窝	13秒
不怕风雨	6秒	猴子来爬	14秒
快点长大	8秒	我也来玩耍	15秒
长着绿的叶	10秒		

9.2 舞台背景的处理

对于歌词有所了解后，首先来绘制背景与加入声音文件，因为要让场景能配合歌词，一定要先加入儿歌的音乐。

9.2.1 舞台背景的绘制

依次选择"文件/新建项目"菜单选项，新建一个空白程序项目，再依次选择"文件/保存"菜单选项，将程序项目命名为"种树歌.sb2"，然后按照如图9-10~图9-12所示的步骤进行舞台背景的绘制。

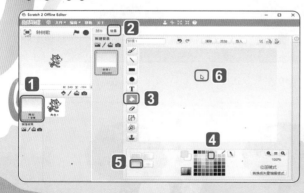

1 单击舞台背景
2 切换到"背景"选项卡
3 单击"用颜色填充"按钮
4 选择淡蓝色
5 设置为上下渐变
6 单击编辑区，以填充渐变色

图9-10

① 单击"椭圆工具"按钮

② 单击色板处，以切换色板

③ 在此单击想要使用的浅绿色

④ 设置为填充效果

图9-11

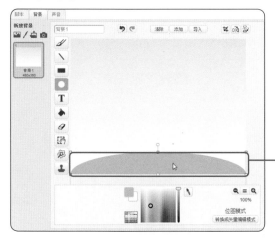

绘制一个与舞台同宽的椭圆形，然后将椭圆形下移，使之显示山丘形状，完成舞台背景的绘制

图9-12

9.2.2 导入种树歌声音文件

舞台背景确定后，接着要在舞台背景中加入种树歌的旋律。在此范例中，我们使用"录音机"程序录制一段直笛吹奏的声音，然后通过"声音"选项卡将声音加入进来，具体步骤如图9-13~图9-16所示。

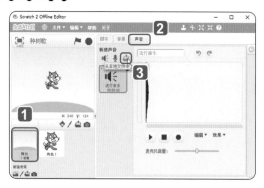

① 单击舞台背景

② 切换到"声音"选项卡

③ 单击该按钮，从本地文件中上传声音

图9-13

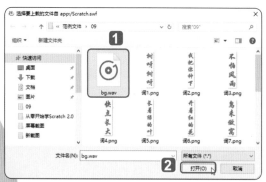

① 选择声音文件

② 单击"打开"按钮

图9-14

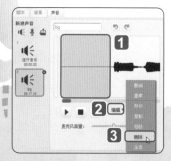

① 以拖动鼠标的方式选取声音文件前方的空白处

② 单击"编辑"按钮

③ 从下拉列表中选择"删除"选项

图9-15

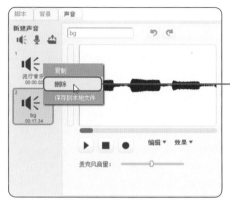

利用鼠标右键单击默认的流行音乐声音（有时候会显示成"pop声"），在弹出的快捷菜单中选择"删除"选项将其删除

图9-16

9.2.3 加入配乐的程序积木

导入种树歌的声音文件后，接着在舞台背景的"脚本"选项卡中加入如图9-17所示的程序积木。如此一来，当"绿旗"按钮被单击时，就会自动播放"bg.wav"的声音文件直到播放完毕。

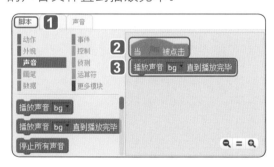

① 切换到"脚本"选项卡
② 在"事件"类型加入这个程序积木
③ 切换到"声音"类型，再加入这个程序积木

图9-17

完成以上设置后，单击舞台上方的"绿旗"按钮，就会自动播放音乐，而音乐播放完毕，程序也会自动停止运行。

9.3 歌词的设置

有了种树歌的旋律后，接着就是加入歌词，让旋律能够与歌词互相搭配。

9.3.1 加入歌词的角色与造型

为了方便歌词的程序设置，我们将以一个角色来表现歌词，其余的歌词则通过"造型"选项卡来加入，具体步骤如图9-18~图9-22所示。

单击该按钮，从本地
文件中上传角色

图9-18

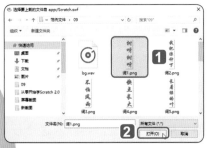

1 选择"词1.png"文件

2 单击"打开"按钮

图9-19

1 切换到"造型"选项卡

2 单击该按钮，从本地文件中上传造型

图9-20

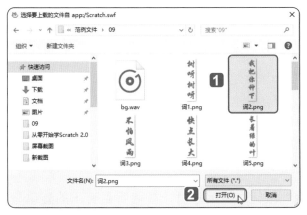

1 按序选择歌词造型文件

2 按序单击该按钮上传造型

图9-21

1 按序完成歌词的导入

2 单击第一个造型后，将角色移到舞台的左侧

3 利用鼠标右键单击多余的"角色1"角色，在弹出的快捷菜单中选择"删除"选项将其删除

图9-22

9.3.2 设置歌词的程序积木

加入歌词后，还必须通过程序积木的堆砌才能让歌词"轮番上阵"。歌词秒数的设置，大家可以参照第9.1节的歌词脚本，原则上前面7句歌词都是等待2秒的时间就切换到下一个造型，后面2句歌词则是等待1秒钟的时间就切换到下一个造型。因此在设置程序积木时，只要"当'绿旗'按钮被单击"，"将造型切换为词1"，然后加入"重复执行6次"，"等待2秒"切换到"下一个造型"，以及"重复执行2次"，"等待1秒"切换"下一个造型"即可，如图9-23所示。

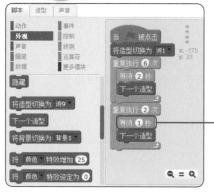

歌词共有9句，第8句等待1钟
后，就会显示第9句的造型

图9-23

完成以上设置后，再次单击"绿旗"按钮进行播放时，就能听到音乐的旋律与看到的歌词同步吻合了。

9.4 场景的绘制与程序的设置

从本节开始，我们将根据歌词的内容，使用Scratch中所提供的各项工具来绘制场景，最后通过程序积木的堆砌，完成种树歌的动画效果。

9.4.1 绘制与复制树木

在树木部分，因为前段是描述树被种下的情况，然后是树木的成长过程，所以小树苗会使用到两次，一定要多复制一份角色备用，具体步骤如图9-24~图9-28所示。

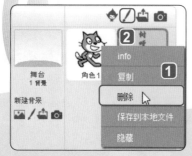

❶ 单击鼠标右键先将多余的角色删除，如果在前面（如图9-22）已经删除了多余的角色，则可以跳过这一步

❷ 单击该按钮绘制新角色

图9-24

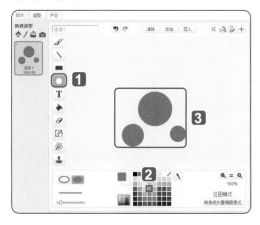

1 单击"椭圆工具"按钮

2 选择色板上的绿色

3 绘制三个圆形

图9-25

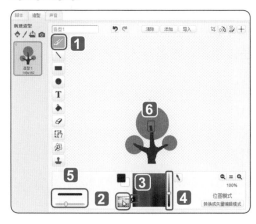

1 单击"画笔工具"按钮

2 切换色板

3 选择颜色

4 调整明暗程度

5 调整画笔的粗细

6 绘制出小树的枝干

图9-26

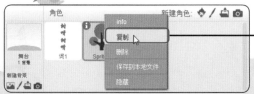

在角色区中利用鼠标右键单击角色，在弹出的快捷菜单中选择"复制"选项

图9-27

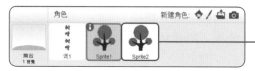

完成小树木的复制

图9-28

9.4.2 导入手的造型

绘制完小树后，接下来要在复制的小树中加入手的造型，以便制作出手拿小树并将小树栽种在土地上的效果，具体步骤如图9-29~图9-31所示。

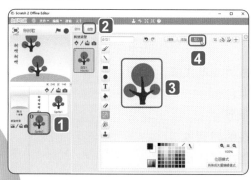

1 单击复制的小树

2 切换到"造型"选项卡

3 利用"选择工具"先将树木造型移到画面左侧

4 单击该按钮，准备导入手的造型

图9-29

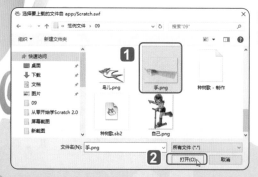

1 选择"手.png"文件

2 单击"打开"按钮

图9-30

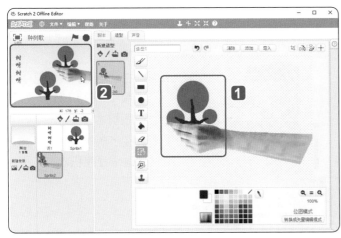

1 将手放在树前，使之显示出手拿树的效果

2 在舞台上将手移到右上方

图9-31

9.4.3 设置手移动的程序积木

当"绿旗"按钮被单击时，先让"手"角色显示出来，设置该角色的坐标位置，等待1秒钟后，就让角色在1钟秒内滑行到绿地上，再等待0.5秒钟后自动隐藏起来。因此，我们要在脚本区中按序加入如图9-32~图9-34所示的程序积木。

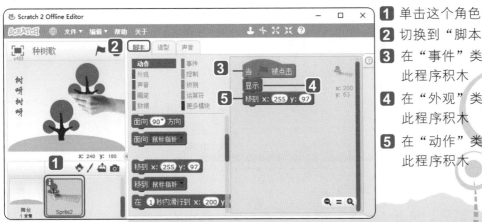

1 单击这个角色

2 切换到"脚本"选项卡

3 在"事件"类型中加入此程序积木

4 在"外观"类型中加入此程序积木

5 在"动作"类型中加入此程序积木

图9-32

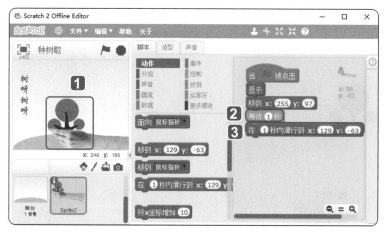

1 将角色下移，使之与下方坡地上的小树木重叠

2 在"控制"类型中加入"等待1秒"的程序积木

3 在"动作"类型中加入这个程序积木

图9-33

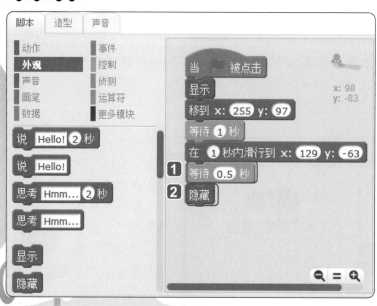

1 继续加入"等待0.5秒"的程序积木

2 最后在"外观"类型中加入"隐藏"的程序积木

图9-34

设置完成后，单击"绿旗"按钮，即可看到前两句歌词的动画效果，如图9-35和图9-36所示。

图9-35

图9-36

目前第一个画面出现两棵树，届时会使用程序积木将下方的树木隐藏起来。

9.4.4 设置下雨的场景

在"不怕风雨"的歌词中，我们将使用"画笔工具"画出下雨的场景。为了不影响树木角色，这里以新角色的方式进行处理，具体步骤如图9-37~图9-40所示。

单击该按钮绘制新角色

图9-37

1 选择浅灰色

2 单击"画笔工具"按钮

3 随意画出下雨的感觉

4 在舞台上将雨移至右上方

图9-38

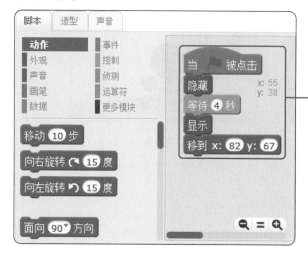

图9-39

按序堆砌这5个程序积木，在"绿旗"按钮被单击后，"雨"角色先隐藏起来，等待前两句歌词（共4秒）的时间过后才显示出来，并移到当前的坐标位置

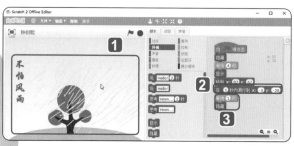

图9-40

1 在舞台上将"雨"角色移动到此位置

2 加入这个程序积木，使"雨"角色在1秒钟内移到当前的坐标位置

3 继续加入程序积木，使得等待1秒钟后，该角色就隐藏起来

9.4.5 绘制树成长的造型

第4句的歌词是"快点长大"，这里我们将绘制树木的两个造型，以便表现树木的成长过程。切换到"造型"选项卡，先复制造型，并且在绘制时尽量保持树根部位在原先的位置上，这样画面看起来才不会奇怪，具体步骤如图9-41~图9-46所示。

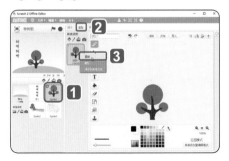

❶ 单击该角色

❷ 切换到"造型"选项卡

❸ 利用鼠标右键单击造型，在弹出的快捷菜单中选择"复制"选项将其复制

图9-41

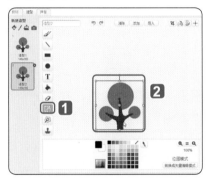

❶ 单击"选择工具"按钮

❷ 利用鼠标拖动此区域范围，然后向上移动少许距离

图9-42

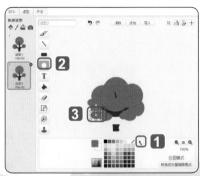

❶ 利用"选取颜色"工具先选取原先的绿色

❷ 单击"椭圆工具"按钮

❸ 随意绘制圆形，加大树木的区域范围

图9-43

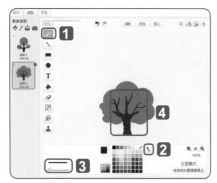

1 单击"画笔工具"按钮

2 利用"选取颜色"工具选取原先的褐色

3 调整画笔的大小

4 按序添加树干与树枝

图9-44

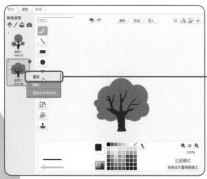

绘制完成后,利用鼠标右键单击造型,在弹出的快捷菜单中选择"复制"选项将其复制

图9-45

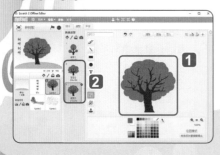

1 采用上面相同的方式将树木加大

2 此造型即为"快点长大"所要使用的两个造型

图9-46

9.4.6 导入绿叶、红花、鸟巢到树的造型中

第5句的歌词是"长着绿的叶"，第6句的歌词是"开着红的花"，第7句歌词是"鸟来做窝"，我们同样是通过"复制"功能来加入它们，然后导入绿叶、红花、鸟巢等图形到"造型"选项卡中进行编排。具体步骤如图9-47~图9-53所示。

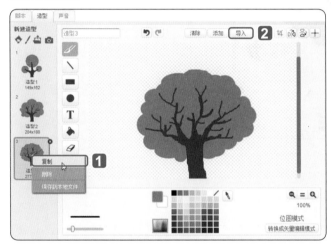

1 先利用鼠标右键单击这个造型，在弹出的快捷菜单中选择"复制"选项将其复制

2 单击"导入"按钮

图9-47

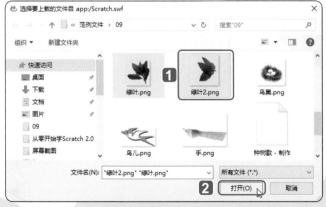

1 按序选择这两个绿叶图像文件

2 按序单击"打开"按钮

图9-48

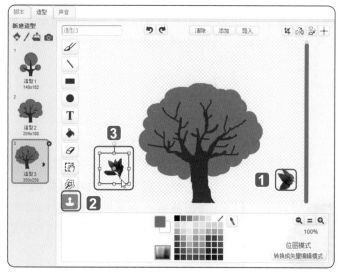

图9-49

图9-50

1 将加入的造型先放在空白处备用

2 单击"选择并复制"按钮

3 拖动出树叶造型的区域，然后将其移动到树枝上

1 叶子已经复制到树上了

2 采用上面相同的方式按序复制树叶

3 单击该按钮，可以旋转叶子的角度

172

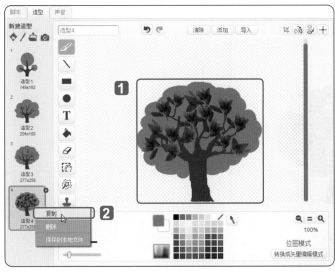

图9-51

1 完成第5句歌词的造型设置

2 利用鼠标右键单击该造型，在弹出的快捷菜单中选择"复制"选项将其复制

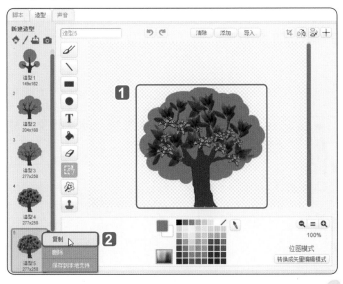

图9-52

1 采用上面相同的方式，单击"导入"按钮加入"红花.png"文件，并通过复制红花的操作，完成第6句歌词的造型设置

2 利用鼠标右键单击该造型，在弹出的快捷菜单中选择"复制"选项将其复制

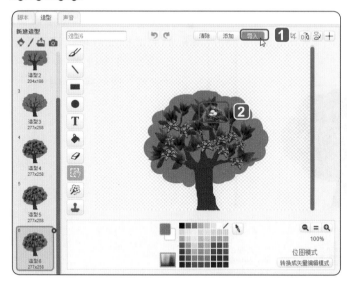

1 单击"导入"按钮

2 将"鸟巢.png"图像文件移到树梢上

图9-53

9.4.7 上传鸟、猴子、自己的角色

树木的6个造型都完成后，另外还要将相关的鸟、猴子、自己等角色上传到Scratch中以备用，具体步骤如图9-54～图9-56所示。

单击该按钮，从本地文件中上传角色

图9-54

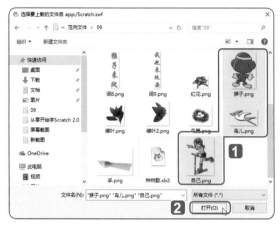

① 选择这三个图像文件

② 单击该按钮打开文件

图9-55

将三个角色分别放在
如图所示的位置上。

图9-56

9.4.8 堆砌出场角色的程序积木

场景中的角色都"到齐"后，现在要按序为树木、鸟儿、猴子、自己等角色加
入程序积木。

从零开始学 Scratch 2.0 动画游戏设计

● 树木（具体步骤如图9-57~图9-60所示）

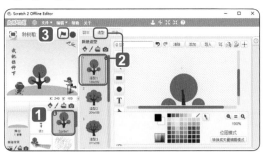

1 单击树木的角色

2 切换到"造型"选项卡，将造型设置为"造型1"

3 单击"绿旗"按钮执行程序项目，将画面停留在"我把你种下"的地方

图9-57

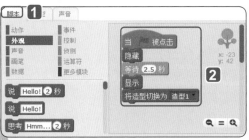

1 切换到"脚本"选项卡

2 设置当"绿旗"按钮被单击时，先隐藏树木的造型，等待2.5秒钟后显示造型，并将造型切换为"造型1"

图9-58

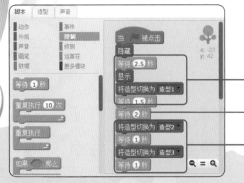

此为"树呀树呀，我把你种下"的歌词部分

此为"不怕风雨"的歌词部分

此为"快点长大"的歌词部分

图9-59

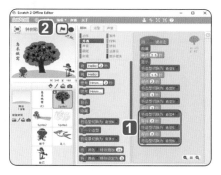

04

1. 此部分为"长着绿的叶，开着红的花，鸟来做窝"的程序积木
2. 单击"绿旗"按钮执行程序项目，将画面停留在"鸟来做窝"的地方

图9-60

鸟（具体步骤如图9-61和图9-62所示）

因为"鸟来做窝"之前共花了12秒的时间，所以当"绿旗"按钮被单击后，先隐藏"鸟儿"角色，等待12秒后再显示出来，指定位置并设置1秒之后鸟儿移到鸟巢旁边。

01

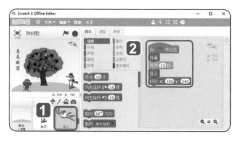

1. 单击"鸟儿"角色
2. 堆砌出这些程序积木

图9-61

02

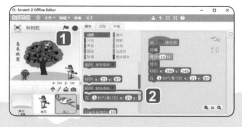

1. 将鸟儿移到鸟巢边
2. 再拖动此程序积木到脚本区，即可完成角色的设置

图9-62

● 猴子

　　猴子的程序积木设置和鸟儿差不多，隐藏并等待13秒后，将猴子显示在当前位置上，在0.5秒内移到树干旁就可以了。其程序积木堆砌如图9-63所示。

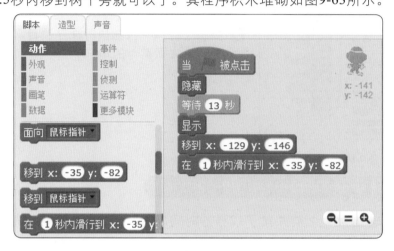

图9-63

● 自己

　　与鸟儿和猴子类似，设置等待14秒后，从右侧移到左侧，如图9-64所示。

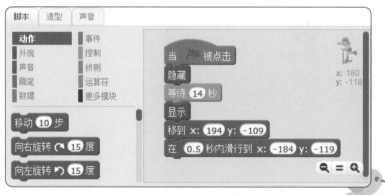

图9-64

第 10 章

声音控制
——小小音乐家

程序项目的说明

这个范例主要介绍"声音"的使用,包括乐器设置与音符的弹奏,让大家通过舞台上的琴键弹奏出指定的乐器与音符,享受一下当音乐家的乐趣。同时舞台上也提供了歌曲的简谱,通过选项卡即可进行切换。程序项目的显示效果如图10-1所示。

图10-1

10.1 舞台与角色的导入

大致了解程序项目的内容后，现在准备将相关的角色与舞台背景逐个上传到角色区备用。

10.1.1 设置舞台背景

新建一个空白程序项目，然后依次选择"文件/保存"菜单选项，将程序项目命名为"小小音乐家.sb2"，具体步骤如图10-2~图10-4所示。

1 单击舞台背景

2 单击该按钮，从本地文件中上传背景

图10-2

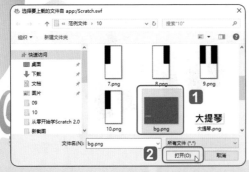

1 选择这个图像文件

2 单击"打开"按钮

图10-3

——完成舞台背景的设置

图10-4

10.1.2 从本地文件中上传角色

确定舞台背景后，接着就是将相关的角色逐一导入到角色区中备用，具体步骤如图10-5~图10-8所示。

单击该按钮，从本地文件中上传角色

图10-5

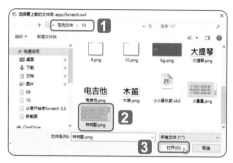

1 切换到这个文件夹

2 按序选择文件夹中所提供的图像文件

3 单击"打开"按钮

图10-6

将角色移到适当的位置

图10-7

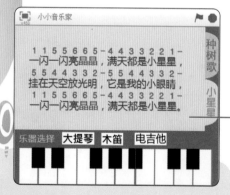

采用上面相同的方式，按序将
角色排列，琴键为从左到右，
从1~10

图10-8

10.2 程序积木的堆砌

角色都定位后，下面就可以开始为各个角色加入程序积木了。

10.2.1 乐器的广播

在舞台上提供了三种乐器，只要用户单击某一个乐器名称，就可以通过下方的琴键弹奏出该乐器的音色。在此我们将使用 **事件** 类型中的 **广播 message1 ▾** 功能，将广播的消息传送给所有的角色和舞台。

首先设置"大提琴"角色，只要"大提琴"角色被鼠标单击，就会广播"大提琴"的消息，具体步骤如图10-9~图10-12所示。

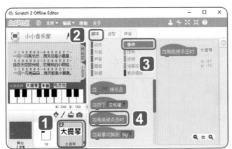

① 单击"大提琴"角色
② 切换到"脚本"选项卡
③ 单击"事件"类型
④ 加入这个程序积木

图10-9

① 继续加入这个程序积木
② 从下拉列表中选择"新消息"选项

图10-10

① 输入消息名称

② 单击"确定"按钮

图10-11

完成"大提琴"角色
程序积木的设置

图10-12

采用上面相同的方式,完成"木笛"与"电吉他"角色的设置。其程序积木堆砌如图10-13和图10-14所示。

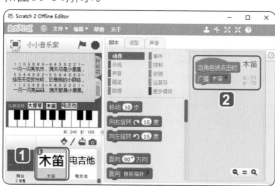

① 单击"木笛"角色

② 加入程序积木

图10-13

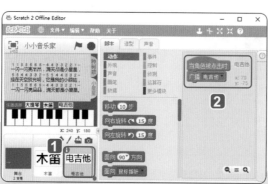

① 单击"电吉他"角色

② 加入程序积木

图10-14

10.2.2 琴键消息的接收与乐器指定和音符的设置

乐器广播之后，接收消息的是下方的琴键。不管琴键接收到哪种乐器的广播，均通过 **声音** 类型中的 **设定乐器为①** 来指定乐器名称，具体步骤如图10-15~图10-17所示。

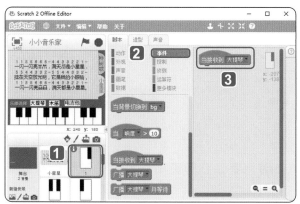

1. 单击"1"角色的琴键
2. 单击"事件"类型
3. 先加入这个程序积木

图10-15

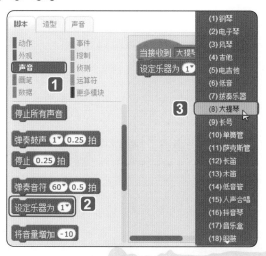

1. 切换到"声音"类型
2. 利用鼠标拖动这个程序积木到脚本区
3. 从下拉列表中将乐器设定为对应的乐器名称

图10-16

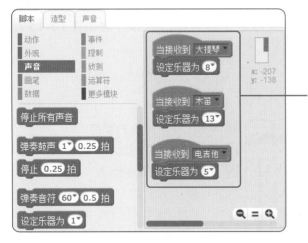

采用上面相同的方式，
完成三种乐器的消息接
收与乐器的指定

图10-17

接下来要设置的是，只要琴键被单击时，就让它弹奏出该琴键的音符，具体步骤如图10-18和图10-19所示。

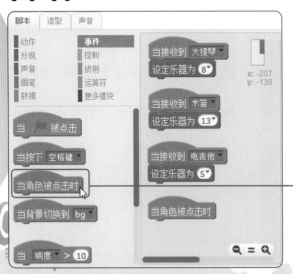

在"事件"类型中
加入此程序积木

图10-18

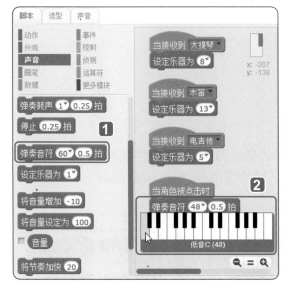

1 在"声音"类型中加入这个程序积木

2 单击该下拉按钮,将琴键设置在对应的位置

图10-19

另外,为了让琴键在"绿旗"按钮被单击时都能移动到指定的坐标位置,可使用 **动作** 类型中的 移到 x: -207 y: -138 来处理。设置程序积木和琴键位置如图10-20所示。

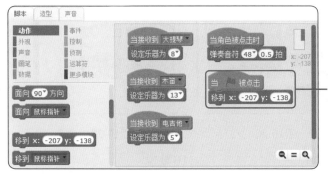

继续加入这两个程序积木,完成琴键位置的设置

图10-20

完成以上设置后,当我们单击"绿旗"按钮执行程序项目时,任意单击"大提琴""木笛""电吉他"等乐器名称后,再单击最左侧的琴键,即可听到"哆"的音符声,如图10-21所示。

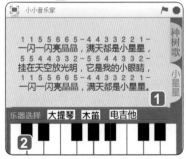

1 选择任意一种乐器

2 单击琴键即可听到"哆"的音符声

图10-21

接下来按序将程序积木复制到2~10的琴键角色中，并更换弹奏的音符编号及坐标位置，即可完成所有琴键的设置。2~10琴键的程序积木堆砌如图10-22~图10-30所示。

02琴键

图10-22

03琴键

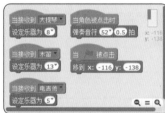

图10-23

04琴键

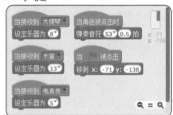

图10-24

05琴键

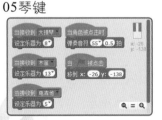

图10-25

06琴键

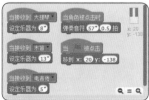

图10-26

07琴键

图10-27

08琴键

图10-28

09琴键

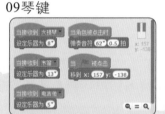

图10-29

10琴键

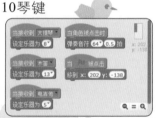

图10-30

10.2.3 歌曲的选择

舞台上还提供了另外两首歌词与简谱，方便用户通过选项卡来选择歌曲。设置程序积木时，只要角色被单击，即可将角色移到最上层，如图10-31和图10-32所示。

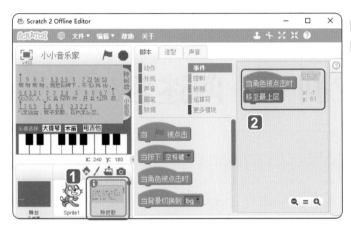

❶ 单击"种树歌"角色

❷ 加入这两个程序积木

图10-31

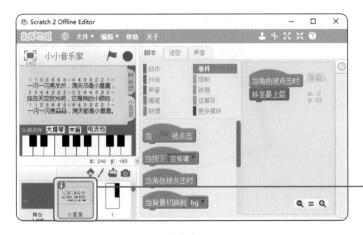

采用上面相同的方式，为"小星星"加入相同的程序积木

图10-32

项目完成了，享受一下当小小音乐家的乐趣吧！

第11章

按键控制——闯迷宫

程序项目的说明

这个范例主要是通过上、下、左、右4个按键来控制脚印的移动，通过改变"面向"与XY坐标，来显示脚印的方向与移动。除此之外，范例中还会介绍条件分支程序积木的设置，以及角色、颜色的侦测，让我们的游戏更加丰富有趣。游戏运行时的画面效果如图11-1~图11-4所示。

图11-1

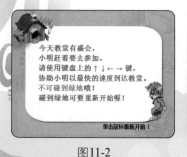

图11-2

图11-3

图11-4

11.1 舞台与角色的导入

大致了解程序项目的内容后，现在准备将相关的角色与舞台背景逐一上传到角色区备用。

11.1.1 设置舞台背景

新建一个空白程序项目，再依次选择"文件/保存"菜单选项，将程序项目命名为"走迷宫.sb2"，然后准备上传迷宫的地图，具体步骤如图11-5~图11-7所示。

1 单击舞台背景

2 单击该按钮，从本地文件中上传背景

图11-5

1 选择"地图.png"文件

2 单击"打开"按钮

图11-6

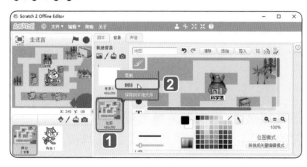

① 显示新加入的背景图像

② 利用鼠标右键单击多余的空白背景，在弹出的快捷菜单中选择"删除"选项将其删除

图11-7

11.1.2 上传主要角色与造型

确定迷宫的地图后，接下来要将男孩、教堂、铁道、脚印、游戏说明按钮等主要角色上传到Scratch中备用，同时为男孩新建另一个造型，具体步骤如图11-8～图11-12所示。

① 先利用鼠标右键单击"猫咪"角色，在弹出的快捷菜单中选择"删除"选项将其删除

② 单击该按钮，从本地文件中上传角色

图11-8

① 按住Ctrl键选择这5个角色

② 单击"打开"按钮

图11-9

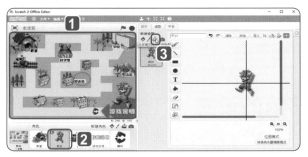

图11-10

1 按序将角色排列在如图所示的位置上

2 单击"男孩"角色

3 在"造型"选项卡中单击"从本地文件中上传造型"按钮

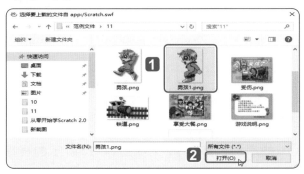

图11-11

1 选择这个图像文件

2 单击该按钮打开文件

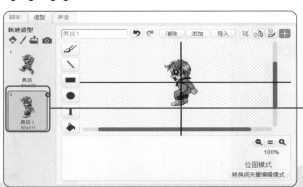

图11-12

导入男孩角色的另一个造型

11.2 脚印的设置

在此范例中，主要是通过上、下、左、右键来控制行走的方向，这里以脚印来代替男孩。通过脚印的方向可以知道当前前进的方向，同时要设置每次按下按键时脚步移动的距离，以及当脚印遇到绿地、火车或到达教堂时所做出的反应。

11.2.1 脚印方向与位移值的设置

要设置按下上、下、左、右键时，可以控制面向的方位与移动的距离，这里会使用到如表11-1所示的4个程序积木。

表11-1 范例中用到的程序积木及其说明

类型	程序积木	说明
事件	当按下 空格键	此程序积木提供空格键，上、下、左、右按键，英文字母a~z，数字0~9按键的控制
动作	面向 90 方向	用来设置上（0）、下（180）、左（-90）、右（90）四个方向
动作	将x坐标增加 10	改变X轴的坐标，正数向右移，负数向左移
动作	将y坐标增加 10	改变Y轴的坐标，正数向上移，负数向下移

单击"脚印"角色，并在脚本区中按序加入如图11-13~图11-15所示的程序积木。

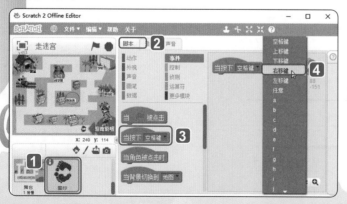

1 单击"脚印"角色

2 切换到"脚本"选项卡

3 在"事件"类型中拖动此程序积木到脚本区

4 从下拉列表中选择"右移键"选项

图11-13

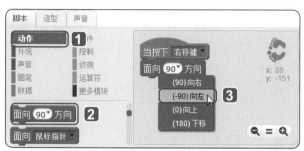

① 切换到"动作"类型

② 加入这个程序积木

③ 将方向设置为左方向

图11-14

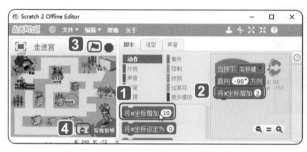

① 继续加入程序积木

② 将数值更改为2

③ 单击该按钮执行程序项目

④ 按à键（即右移键），就可以看到脚印翻转至右方

图11-15

确定按下à键（即右移键）所执行的效果无误后，接着利用鼠标右键单击这组程序积木以便复制，再对复制的程序积木属性进行修改。另外，在"上移键"与"下移键"部分，记得替换为 将y坐标增加 10 的程序积木，这样脚印才能上下移动。完成的积木堆砌如图11-16所示。

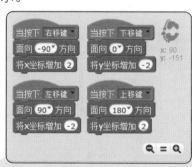

图11-16

11.2.2 设置脚印起始位置与方向

完成上一小节的设置后，脚印可以任意在舞台上移动。但是在这个游戏中，我们是要脚印沿着淡绿偏黄色的路径移动，且不能碰到绿色的草地，因此先来设置当"绿旗"按钮被单击时，脚印要自动显示在指定的坐标位置，并且指示前进的方向，具体步骤如图11-17和图11-18所示。

1 单击"脚印"角色
2 将脚印放在游戏的起始点位置上

图11-17

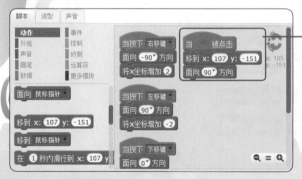

在脚本区中加入这三个程序积木，当"绿旗"按钮被单击时，脚印移到当前指定的坐标位置，并设置面向90°的方向

图11-18

11.2.3 颜色侦测与条件控制

确定脚印的起始位置后，接着设置当脚印碰到路径以外的绿地时，就将脚印移到原来的起始点位置，让玩家重新开始。在此我们会用到如表11-2所示的两个新程序积木。

表11-2 两个新程序积木及其说明

类型	程序积木	说明
控制	如果　那么	如果条件成立，就执行其内层的程序积木
侦测	碰到颜色 ？	侦测角色是否碰到指定的颜色，若碰到指定的颜色就返回"真"值

了解程序积木的意义后，单击"脚印"角色，继续堆砌如图11-19~图11-21所示的程序积木。

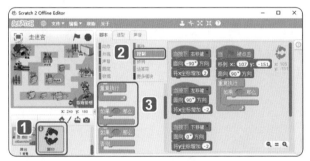

图11-19

1. 单击"脚印"角色
2. 切换到"控制"类型
3. 按序堆砌"重复执行"与"如果_那么"的程序积木

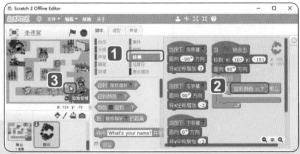

图11-20

1. 切换到"侦测"类型
2. 将这个程序积木镶嵌在"如果_那么"的程序积木中，并单击后面的色块
3. 到舞台上单击绿色的草地

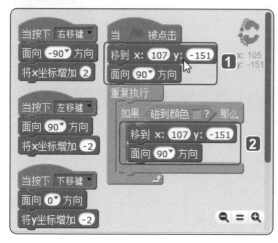

1 利用鼠标右键单击以复制程序积木

2 将这两个程序积木放置在内层之中，如此一旦碰到绿色，脚印就会回到起点位置

图11-21

11.2.4 角色侦测与条件控制

在这个迷宫里设置了两个关键位置：一个是"铁道"角色；另一个是"教堂"角色。如果脚印碰到这两个角色，就会分别执行广播的操作，即广播"受伤"或"享受大餐"的消息，具体步骤如图11-22~图11-25所示。

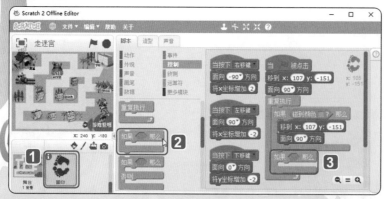

1 单击"脚印"角色

2 在"控制"类型中单击这个程序积木

3 将程序积木堆砌在这个内层中

图11-22

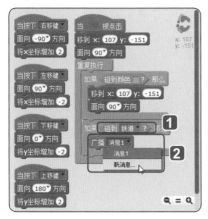

02

1 在"侦测"类型中加入此程序积木，并从下拉列表中选择"铁道"选项
2 在"事件"类型中加入"广播"的程序积木，并从下拉列表中选择"新消息"选项

图11-23

03

1 输入消息名称
2 单击"确定"按钮

图11-24

04

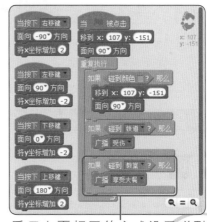

采用上面相同的方式设置碰到"教堂"角色时，广播"享受大餐"的消息

图11-25

11.3 关卡的设置

当"脚印"执行广播的操作后，接着就是设置接收消息者的程序积木。先将"受伤"与"享受大餐"两个角色导入到"角色区"中备用，如图11-26所示。

① 单击"从本地文件中上传角色"按钮，导入这两个角色

② 将画面分别放置在舞台正中央

图11-26

11.3.1 受伤画面的设置

由于画面铺满了整个舞台，因此当"绿旗"按钮被单击时，我们要设置它为隐藏状态，等到它接收到"受伤"的消息时，再将其移到最上层并显示出来。为了增加游戏的效果，可加入screech的声音作为辅助。

 ● 声音的选择（具体步骤如图11-27～图11-29所示）

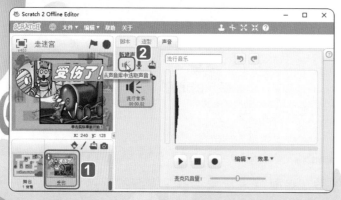

① 单击"受伤"角色

② 单击该按钮，从声音库中选择声音

图11-27

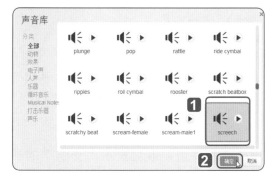

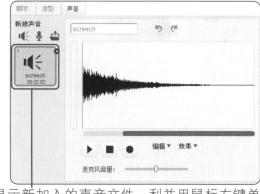

1 选择这个声音

2 单击"确定"按钮

图11-28

显示新加入的声音文件，利并用鼠标右键单击多余的声音，在弹出的快捷菜单中选择"删除"选项将其删除

图11-29

● 加入程序积木（如图11-30所示）

图11-30

1 单击"受伤"角色

2 加入这两个程序积木，以便在一开始时隐藏起来

3 加入这5个程序积木，在接收到消息时，画面显示在最上层，同时播放声音

要测试此段的程序效果，记得先单击"享受大餐"角色，然后单击角色左上角的 ℹ 图标，取消对"显示"复选框的勾选，如图11-31所示，否则该画面会盖住整个舞台，将无法测试效果。

图11-31

取消对此复选框的勾选，这样"享受大餐"角色才不会盖住整个舞台

在单击"绿旗"按钮测试效果时，只要脚印碰到铁道，就会显示"受伤"的画面，如图11-32和图11-33所示。

脚印靠近铁道

图11-32

显示受伤的画面

图11-33

当玩家看到此画面后，若单击此角色，就会将画面隐藏起来。因此，我们要继续加入如图11-34所示的程序积木。

1 单击"受伤"角色

2 加入这两个程序积木

3 设置完成后再单击"绿旗"按钮测试视频

图11-34

设置"脚印"角色

大家可能会疑惑，当"受伤"角色被单击时，为何该画面不会隐藏起来？这是因为"脚印"角色还碰触到"铁道"，所以还要回到"脚印"。设置如果脚印碰触到"受伤"角色，就让脚印回到起点的位置重新开始游戏，具体步骤如图11-35和图11-36所示。

单击"脚印"角色

图11-35

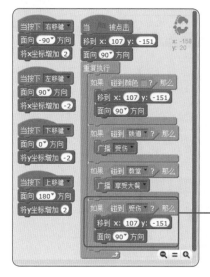

加入此段的程序积木，让脚印碰到
"受伤"角色，就回到起点位置

图11-36

11.3.2 享受大餐画面的设置

"受伤"角色设置好之后，接着设置"享受大餐"的画面。单击该角色左上角
的 ℹ 图标，并勾选"显示"复选框，如图11-37所示，使该画面铺满整个舞台。

记得勾选此复选框，
以显示出该角色

图11-37

接下来将"受伤"角色的程序积木复制到"享受大餐"角色中，加入triumph的
声音后，再修改其属性，即可快速完成如图11-38所示的程序积木堆砌。

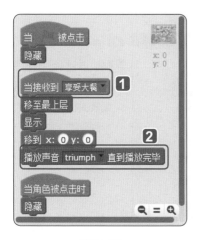

图11-38

1 修改接收的消息

2 在"声音"选项卡中加入triumph声音，并修改为该声音对应的名称

同样地，别忘了设置"脚印"角色，以使脚印碰到"享受大餐"角色时，可以回到起点位置，如图11-39所示。

1 单击"脚印"角色

2 加入此段程序积木

图11-39

11.4 游戏说明的设置

两个关卡设置完成后，我们还要继续设置游戏说明的画面。因为玩家不一定都了解设计者的创意与想法，所以通过单击"游戏说明"按钮，将游戏的玩法或操作方式告诉玩家。

11.4.1 游戏说明按钮的设置

当"游戏说明"角色被单击时，就广播"游戏说明"的消息。程序积木设置如图11-40所示。

1 单击这个角色

2 加入这两个程序积木，并从下拉列表中选择"游戏说明"选项

图11-40

11.4.2 游戏说明画面的设置

接下来从"角色区"将"游戏说明"的画面上传进来，以便设置接收消息时所要显示的状态。

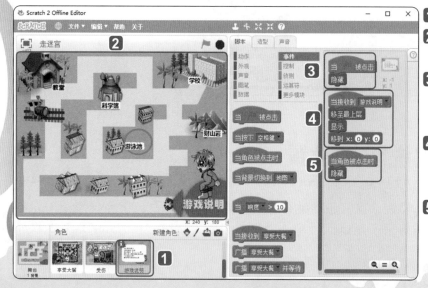

1 先上传这个角色

2 将画面移到舞台中央

3 设置"绿旗"按钮被单击时先隐藏起来

4 设置接收到消息时，显示画面并移到最上方

5 设置角色被单击时隐藏起来

图11-41

11.4.3 动态男孩的设置

在范例的最后，我们还要让"游戏说明"按钮上方的男孩进行造型切换，一方面可增加画面的动态效果，另一方面也可以让玩家注意到游戏说明，以便了解游戏的操作技巧，如图11-42所示。

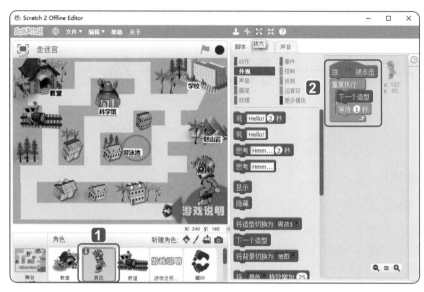

1 单击"男孩"角色

2 设置当"绿旗"按钮被单击时，重复执行"下一个造型"，间隔时间为1秒钟

图11-42

整个程序项目设置，完成，现在可以享受一下走迷宫的乐趣了。

第12章

按键控制——英文打字练习

程序项目的说明

这个范例主要是英文打字的练习，屏幕上方会显示出英文字母，玩家可以通过键盘上的英文按键输入正确的英文字母，输入时也会将玩家输入的英文字母读出来，并以不同的颜色显示英文字母。英文打字练习限时为60秒，输入的正确数目将显示在屏幕下方的橘色字段中，当计时器已达到指定的时间（60秒）时，就会自动显示出"时间到！"信息，如图12-1和图12-2所示。

图12-1

图12-2

12.1 舞台与角色的导入

新建一个空白的程序项目后，再依次选择"文件/保存"菜单选项，将程序项目命名为"英文打字练习.sb2"，然后准备上传舞台背景与相关的角色。

12.1.1 设置舞台背景

设置舞台背景的过程如图12-3~图12-5所示。

1 单击舞台背景

2 单击该按钮，从本地文件中上传背景

图12-3

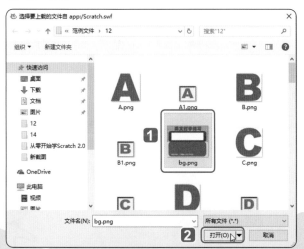

1 选择这个背景图像文件

2 单击"打开"按钮

图12-4

03

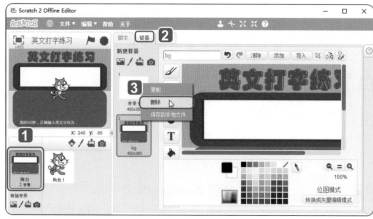

图12-5

1 显示加入的背景图像

2 切换到"背景"选项卡

3 利用鼠标右键单击多余的背景，在弹出的快捷菜单中选择"删除"选项将其删除

12.1.2 导入角色与造型

有了背景图像，接着就可以将26个英文字母按键与显示的英文字母按序加入到"角色区"中，如图12-6~图12-8所示。

 加入26个英文字母的角色

01

图12-6

1 利用鼠标右键单击该角色，在弹出的快捷菜单中选择"删除"选项将其删除

2 单击该按钮，从本地文件中上传角色

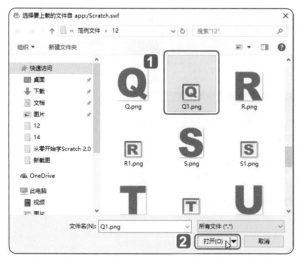

① 选择英文字母
② 单击"打开"按钮

图12-7

加入英文字母后，按照键盘顺序排列字母

图12-8

　　按照上面相同的方式，按序完成26个字母的加入，使之排列为如图12-9所示的样子。

图12-9

● 加入随机出现的英文字母

　　舞台上方是显示字母的地方，这里将以一个角色作为代表，其余的25个字母则采用相同的方式导入角色造型即可，具体步骤如图12-10~图12-12所示。

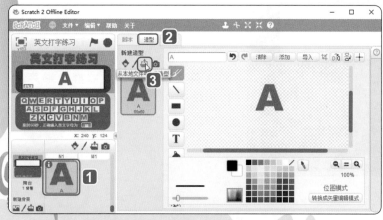

图12-10

1 采用上面相同的方式，将绿色的A导入到角色区

2 切换到"造型"选项卡

3 单击该按钮，从本地文件中上传造型

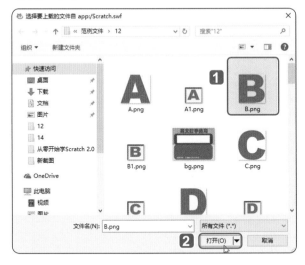

图12-11

1 按照字母顺序，按序将英文字母加入

2 按序单击"打开"按钮

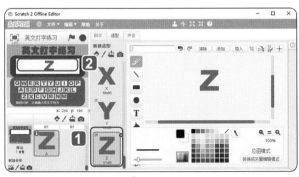

图12-12

1 完成26个英文字母的导入

2 将这个角色放在白色区块的中心

12.2 英文字母的录音

在此范例中，我们将通过Scratch所提供的录音功能来录制每个英文字母的发音。此处以英文字母Q来进行示范，其余25个英文字母，请大家自行如法炮制，具体步骤如图12-13~图12-17所示。

1 单击英文字母

2 切换到"声音"选项卡

3 单击该按钮，录制新声音

图12-13

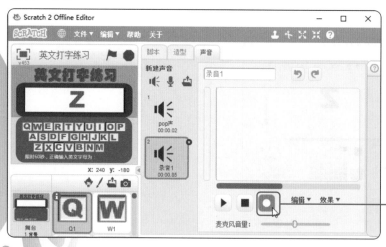

单击该按钮，并对着麦克风读出Q字母

图12-14

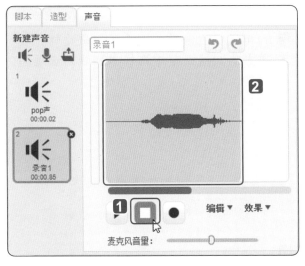

图12-15

1 读完之后，单击该按钮停止录制

2 录制的声音显示在此

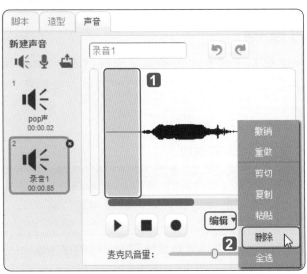

图12-16

1 单击声音前面的空白

2 单击"编辑"下拉按钮，在下拉
列表中选择"删除"选项

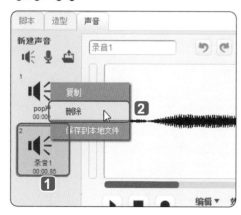

① 完成声音的录制

② 利用鼠标右键单击多余的声音文件，在弹出的快捷菜单中选择"删除"选项将其删除

图12-17

12.3 程序积木的堆砌

相关角色与造型定位后，下面开始准备堆砌程序积木。首先来看英文字母按键的设置。

12.3.1 设置英文字母的按键

在英文字母按键方面，我们希望玩家在按下键盘上的英文字母按键时，Scratch能自动播放该英文字母的发音，同时舞台上所对应的英文字母也会自动改变颜色，就如同我们按下该字母按键一样。

在此，我们将会运用到如表12-1所示的5个程序积木。

表12-1 5个程序积木及其说明

类型	程序积木	说明
事件	当按下 a	当按下英文字母的按键时，就开始执行其下方每一行的程序积木
声音	播放声音 录音1	播放指定的声音，并继续执行下一行的程序积木
外观	将 颜色 特效设定为 0	改变角色的图形特效
外观	清除所有图形特效	清除所有设定的图形特效
控制	等待 1 秒	设置等待的时间，再继续执行下一个程序积木

了解程序积木的意义后，按序从角色区单击26个英文字母，如图12-18所示，再加入如图12-19所示的程序积木，就可以让所有的英文字母按键发出声音并变换颜色。

01

单击英文字母对应的角色

图12-18

02

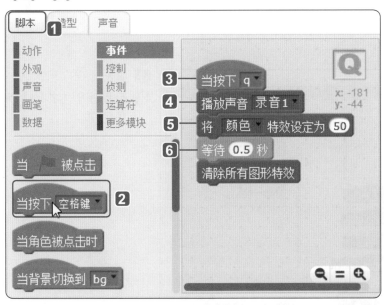

1 切换到"脚本"选项卡

2 在"事件"类型中加入这个程序积木

3 从下拉列表中选择对应的英文字母按键

4 加入这个程序积木，设置为所录制的声音

5 颜色特效设定为50

6 继续设置等待0.5秒后，清除所有的图形特效

图12-19

设置好英文字母Q后，单击"绿旗"按钮测试这个程序项目，只要按下Q键，就可以听到声音，并看到按键Q对应的字母变成绿色了，如图12-20所示。

图12-20

按下正确的按键后，上方的题目会自动显示下一个英文字母

确定设置好之后，接着将程序积木按序拖动到其他的角色中，并修改对应的英文按键，具体步骤如图12-21和图12-22所示。

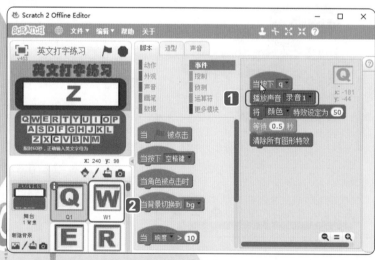

1 单击该程序积木

2 将程序积木拖动到W角色中

图12-21

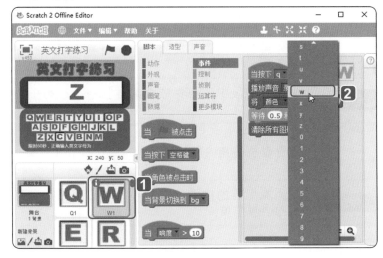

1 切换到W角色

2 在这里更换对应的按键W

图12-22

12.3.2 设置随机出现的英文字母

要练习英文打字，计算机当然要能够自动"出题"才行。因此，在这个程序项目中，我们要让绿色的26个英文字母能够随机出现，如果玩家输入正确的英文字母按键，就会随机显示出下一个英文字母；如果未输入正确的英文字母，英文字母则不会改变。

按照这个概念，我们将会运用到如表12-2所示的程序积木。

表12-2 程序积木及其说明

类型	程序积木	说明
事件	当 被点击	当"绿旗"按钮被单击时，开始执行其下方的所有程序积木
数据	新建变量	新建一个变量。在此范例中将为英文字母设置一个变量，以便可以从26个英文字母中选一个字母出来
运算符	在 1 到 10 间随机选一个数	在指定的范围内随机选一个数
运算符	◯ = ◯	如果第1个数等于第2个数，就返回"真"值
运算符	◯ + ◯	将两个数的值相加

（续表）

类型	程序积木	说明
外观	将造型切换为 造型1▼	切换造型
控制	如果⬡那么	如果条件判别式成立，就执行其内层的程序积木
控制	在⬡之前一直等待	等待字段中的条件成立，才执行下一行的程序积木
控制	重复执行	重复执行其内层的程序积木
侦测	按键 空格键▼ 是否按下？	侦测指定的按键是否被按下，如果是，则返回"真"值

在此范例中，首先我们要将随机出现的英文字母设置成一个变量，让变量的值可以为1~26之间的数字，然后将角色的造型设置为该变量。也就是说，如果出现的变量值为1，那么角色造型就显示为A，变量值若为2，角色造型就为B，以此类推，具体步骤如图12-23~图12-29所示。

图12-23

1 单击这个角色

2 在"脚本"选项卡中先加入这两个程序积木，当"绿旗"按钮被单击时，可以重复执行其内层的程序积木

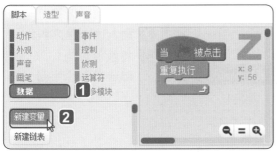

1 切换到"数据"类型

2 单击该按钮新建变量

图12-24

1 设置变量名

2 单击"确定"按钮

图12-25

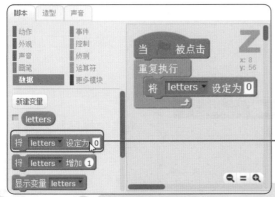

将这个程序积木加
入到脚本区

图12-26

221

1 切换到"运算符"类型
2 加入这个程序积木
3 将数值设为1~26之间，以代表26个字母

图12-27

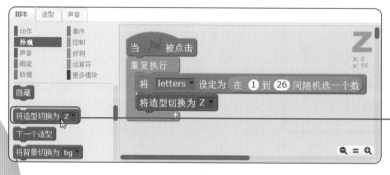

继续加入这个程序积木

图12-28

将这个程序积木镶嵌在造型的字段中

图12-29

接下来要设置的是，如果变量值等于1，就等待A键被按下；如果变量值等于2，就等待B键被按下，以此类推。根据这个概念，我们继续进行如图12-30~图12-34所示的设置。

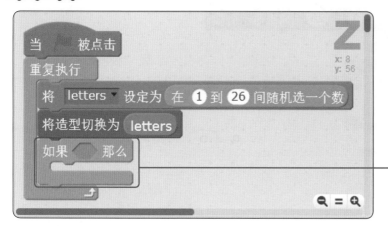

先加入条件判别式的程序积木

图12-30

加入等号的表达式

图12-31

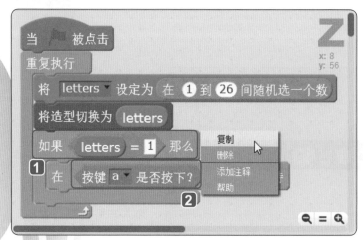

图12-32

设置"如果变量等于
1",就执行"在__之前
一直等待"的操作

1 等待A键是否被按下
2 利用鼠标右键单击以复
制这个程序积木

图12-33

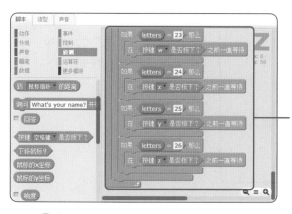

图12-34

完成以上设置后，测试程序项目的执行效果时，就会发现绿色的英文字母只会显示A或B两个字母，等待我们按下对应的英文字母按键后，才会再随机出现新的字母。若是如此，则代表程序执行没有问题，现在只要按序完成其他24个按键设置，即可完成此部分的程序堆砌，如图12-35所示。

　图12-35

至此，随机显示的字母与按键的使用都没有问题。既然是英文打字练习，总应该知道自己的成绩或打字速度，这样才会有成就感，因此我们把英文打字练习时间限定在60秒钟，让玩家知道自己正确输入的英文字母有多少。

12.3.3 设置答对的成绩

首先，我们要在绿色英文字母的角色中新建一个score的变量，让它在"绿旗"按钮被单击时可以先归零，而在程序项目重复执行的情况下，每次正确输入按键后就加1。具体步骤如图12-36~图12-40所示。

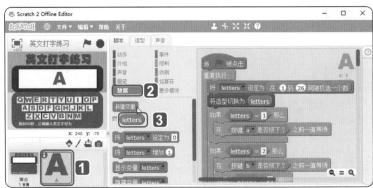

1 单击这个角色

2 切换到"数据"类型

3 单击该按钮新建变量

图12-36

1 设置"变量名"为score

2 单击"确定"按钮

图12-37

图12-38

勾选此复选框，会在舞台上显示这个变量的字段

将分数的字段移到此处，双击鼠标使其改变造型

1 单击这个程序积木

2 将程序积木堆砌在此，以便单击"绿旗"按钮时，变量的值设为0

图12-39

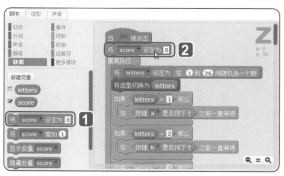

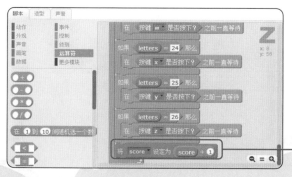

在"重复执行"程序积木的内层下方，堆砌出该程序积木，当玩家按下正确的按键后变量的值加1

图12-40

12.3.4 加入计时器的设置

　　成绩确定可以累加后，接着将在舞台上加入计时器，以便玩家可以知道当前的时间。当"绿旗"按钮被单击时，计时器必须归零，以便重新开始计时。如果计时器显示超过限定的60秒后，就广播"时间到"的消息。根据这样的概念，我们要在舞台背景处加入如图12-41~图12-43所示的程序积木。

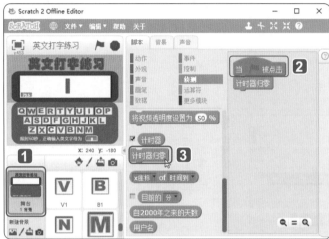

1 单击舞台背景

2 先加入"当'绿旗'按钮被单击"的程序积木

3 在"侦测"类型中加入这个程序积木，使计时器归零

图12-41

继续加入"重复执行""如果___那么"和判别式三个程序积木

图12-42

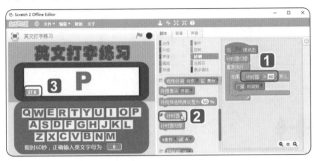

1 加入计时器的程序积木，并设置如果大于60，就广播"时间到"的消息

2 勾选"计时器"复选框，使之显示在舞台上

3 使用鼠标双击它以改变造型，并移到此处

图12-43

12.3.5 设置"时间到"的消息

前小一节我们在舞台上执行了广播"时间到"的操作，因此程序项目中还必须有一个角色来接收"时间到"的消息。我们先从"角色区"将"时间到.png"的图像文件上传至Scratch中，并置于显示英文字母的白色区块上，如图12-44所示。

将角色图像移至此处

上传这个角色的图像文件

图12-44

因为这个图像已经盖住了显示英文字母的区域，所以在"绿旗"按钮被单击时，我们要先将它隐藏起来。当此角色接收到"时间到"的消息时才显现出来，同时播放cricket的声音，以便提醒玩家注意，具体步骤如图12-45~图12-47所示。

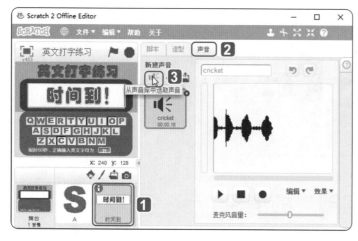

图12-45

1 单击这个角色

2 切换到"声音"选项卡

3 单击该按钮，以加入 cricket的声音

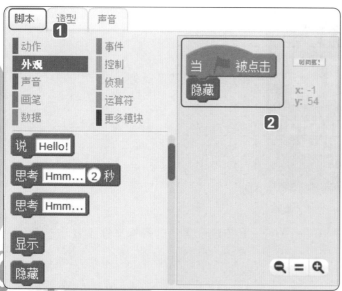

图12-46

1 切换到"脚本"选项卡

2 设置当"绿旗"按钮被单击时，隐藏该角色

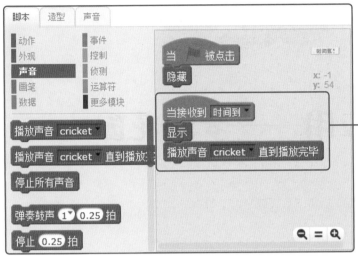

图12-47

继续加入这三个程序积木，作用是在接收到消息时，显示这个角色并播放声音直到播放完毕

程序项目设置完成了，赶快来玩玩看，体验并测试一下英文打字的乐趣。

第13章

画笔应用——梦幻花园

程序项目的说明

这个范例主要介绍"画笔"的相关功能和指令（即程序积木），通过"画笔"类型的"下笔"功能可以任意绘制线条，"图章"功能可以将指定的图案盖印在舞台上。另外，也可以自由地设置画笔的颜色、亮度与大小。因此，本范例以"梦幻花园"为主题，让玩家可以自行打造属于个人的花园景致。本程序项目执行时的显示画面如图13-1和图13-2所示。

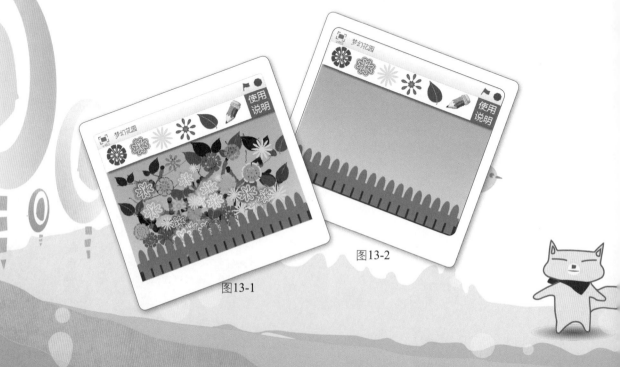

图13-1

图13-2

13.1 舞台与角色的导入

新建一个空白的程序项目，再依次选择"文件/保存"菜单选项，将程序项目命名为"梦幻花园.sb2"，然后准备上传舞台背景与相关的角色。

13.1.1 设置舞台背景

设置舞台背景的过程如图13-3~图13-5所示。

❶ 单击舞台背景

❷ 单击该按钮，从本地文件中上传背景

图13-3

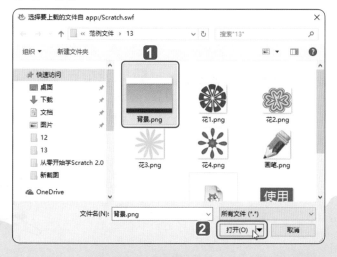

❶ 选择此背景图像

❷ 单击"打开"按钮

图13-4

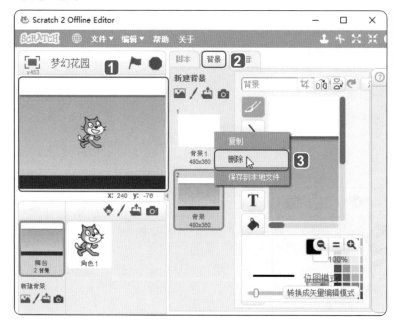

1 显示加入的背景图像

2 切换到"背景"选项卡

3 利用鼠标右键单击多余的背景,在弹出的快捷菜单中选择"删除"选项将其删除

图13-5

13.1.2 导入角色图像

舞台确定后,接着将相关的4朵花、叶子、画笔、篱笆、使用说明按钮、说明文字等角色先行导入到角色区中备用,具体步骤如图13-6~图13-8所示。

1 利用鼠标右键单击这个角色,在弹出的快捷菜单中选择"删除"选项将其删除

2 单击该按钮,从本地文件中上传角色

图13-6

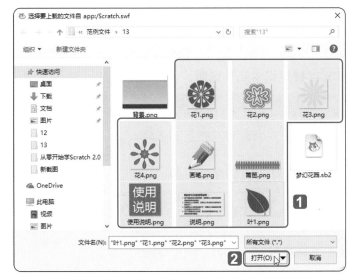

1 按住Ctrl键选择需要的图像文件

2 单击"打开"按钮

图13-7

按序将角色排列在相应的位置上。

我的梦幻花园使用说明:

1. 按下绿旗将执行程序项目,如果舞台上有原先绘制的花园景致将会被清空。
2. 单击舞台上方的画笔,到舞台上单击鼠标左键拖曳可画出枝干。
3. 单击舞台上方的花朵或叶子,到舞台上单击鼠标左键可分别画出花朵和叶子。
4. 按下空格键会停止绘制,原先选择的图案将归位,可重新选择其他图案。

图13-8

程序积木的堆砌

所有角色都定位后，接下来就要为所有的角色加入程序积木。在堆砌程序积木之前，这里先将 画笔 类型中的相关程序积木，为大家进行简要地说明，如表13-1所示。

表13-1 程序积木及其说明

程序积木	说明
清空	清除舞台上的所有画笔线条和图章
图章	在舞台上盖印指定的角色图案
落笔	当角色移动时，画笔开始画出指定的线条粗细或颜色
抬笔	让画笔停止绘画
将画笔的颜色设定为 ▨	用以设定画笔的颜色
将画笔颜色增加 10	改变画笔的颜色
将画笔的色泽度增加 10	改变画笔的色泽度值，可设1~100的数值
将画笔的色度设定为 50	设置画笔的色度值，数值范围为1~100
将画笔大小增加 1	改变画笔的粗细
将画笔的大小设定为 1	设定画笔的粗细

13.2.1 篱笆设置

在绘制个人梦幻花园景致时，笔者希望所绘制的花、叶、枝干等图案不要遮住篱笆。因此，在程序堆砌时，可以通过 外观 类型中的"移至最上层"来处理，当"绿旗"按钮被单击时，除了设置在指定的位置外，还要将其移到最上层，如图13-9所示。

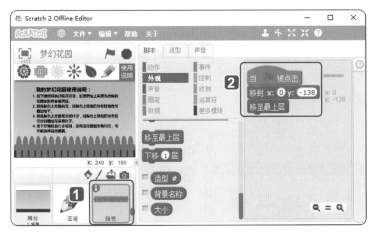

图13-9

1 单击"篱笆"角色

2 加入这三个程序积木

13.2.2 说明按钮与说明文字

目前说明文字已经安排在舞台上，现在要设置的是，当玩家单击"使用说明"按钮时才会显示出来，并且显示6秒后就慢慢淡化并隐藏起来。

● 使用说明按钮

当"使用说明"按钮被单击时，就广播"使用说明"的消息，如图13-10所示。

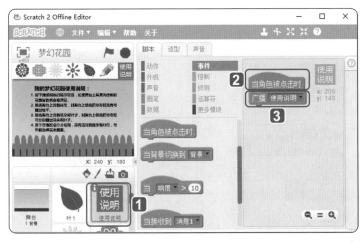

图13-10

1 单击这个角色

2 在"事件"类型中加入这两个程序积木

3 从下拉列表中选择消息，并命名为"使用说明"

说明文字的显示/隐藏

当"绿旗"按钮被单击时，先将说明文字隐藏起来。当角色接收到"使用说明"的消息时就会显示出来，6秒之后再隐藏起来，具体步骤如图13-11和图13-12所示。

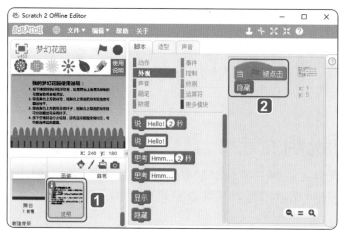

❶ 单击这个角色

❷ 先加入这两个程序积木，
让它一开始处于隐藏状态

图13-11

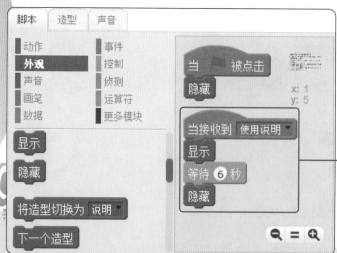

继续加入程序积本：接收到
"使用说明"消息时显示，等
待6秒后再隐藏

图13-12

设置完成后，可单击"绿旗"按钮测试一下程序项目执行的效果。

13.2.3 花朵的设置与复制

"使用说明"按钮设置完成后，接下来要按序设置4种颜色的花朵。花朵的设置基本上差不多，我们先完成最左侧的紫色花朵，确定后再通过拖动鼠标复制的方式来修改其他朵花的设置。

● 花1

花朵在盖印图章时，笔者希望花朵也可以随机显示不同的大小和颜色变化，这样画面就会有变化。因为通过图章盖印的图案可以随机缩放大小，所以当"绿旗"按钮被单击时，就先让紫色花朵的大小恢复成100%的比例，同时显示在当前指定的位置上。程序积木的设置如图13-13所示。

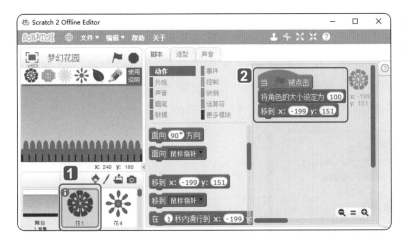

1 单击"花1"角色

2 在脚本区加入这三个程序积木，让"绿旗"按钮被单击时，固定比例大小与位置

图13-13

当"花1"角色被单击时，移到鼠标指针的位置，如果鼠标左键被按下，就改变它的颜色特效，角色的大小设定为在一个区间任选一个数值，然后执行盖印图章的操作，否则就让它"抬笔"。依照这个概念，继续在"花1"的脚本中加入如图13-14所示的程序积木。

按照颜色类型堆
砌出程序积木

图13-14

角色被单击时可以盖印图章，另外还要设置停止的操作。这里我们以空格键进行设置，只要空格键被按下，就自动恢复原先的大小比例与位置，同时停止所有的操作。依此概念，继续在脚本区中加入如图13-15所示的程序积木。

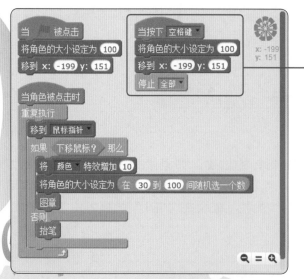

依照颜色类型堆
砌出程序积木

图13-15

当我们单击"绿旗"按钮测试程序项目的执行效果时，虽然只是按下紫色的花朵来盖印图章，却可以变化出多种不同颜色和大小的花朵，如图13-16所示。

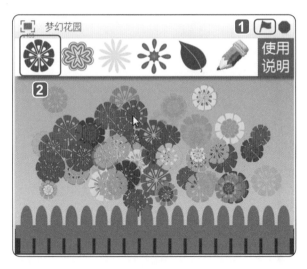

① 单击"绿旗"按钮
② 单击紫色花朵开始盖印图章，可盖印出多种不同颜色和大小的花朵

图13-16

确认"花1"的程序积木堆砌没问题后，接着按序将脚本区中的3组程序积木拖动到其他三朵花中并修改正属性。此处大家可自行进行设置，这里仅将设置的结果展示出来，如图13-17~图13-19所示。

● 花2

图13-17

● 花3

当 ▇ 被点击
将角色的大小设定为 100
移到 x: -67 y: 151

当按下 空格键▼
将角色的大小设定为 100
移到 x: -67 y: 151
停止 全部▼

x: -67
y: 151

当角色被点击时
重复执行
　移到 鼠标指针▼
　如果 下移鼠标? 那么
　　将角色的大小设定为 在 1 到 100 间随机选一个数
　　图章
　否则
　　抬笔

图13-18

● 花4

当 ▇ 被点击
将角色的大小设定为 100
移到 x: 0 y: 150

当按下 空格键▼
将角色的大小设定为 100
移到 x: 0 y: 150
停止 全部▼

x: 0
y: 150

当角色被点击时
重复执行
　移到 鼠标指针▼
　如果 下移鼠标? 那么
　　将 颜色▼ 特效增加 30
　　将角色的大小设定为 在 1 到 100 间随机选一个数
　　图章
　否则
　　抬笔

图13-19

13.2.4 清除所有笔迹

完成4种花朵角色的程序积木堆砌之后，现在就可以通过空格键进行角色切换，并在舞台上用图章印出各种花朵造型，如图13-20所示。

图13-20

不过，在盖印图章之后我们没有办法执行清除的操作，因此现在要在舞台背景中加入如图13-21所示的程序积木。当"绿旗"按钮被单击时，舞台就会自动清除所有的笔迹和盖印。

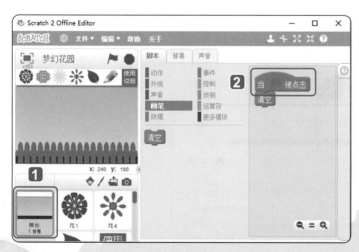

图13-21

1 单击舞台背景

2 在"事件"与"画笔"类型中加入这两个程序积木

设置完成后，单击舞台上方的"绿旗"按钮，先前图章印出的花朵就会自动清除了。

13.2.5 叶子的设置

在叶子部分，我们只设置了一个角色，不过在造型方面则希望有对称的叶子，因此先通过"造型"选项卡来复制叶片，具体步骤如图13-22~图13-24所示。

01

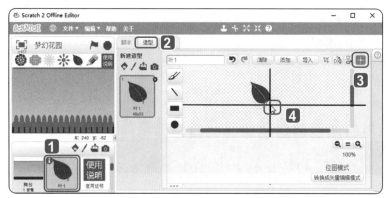

1 单击这个角色

2 切换到"造型"选项卡

3 单击"设置造型中心"按钮

4 将中心点设置于此

图13-22

02

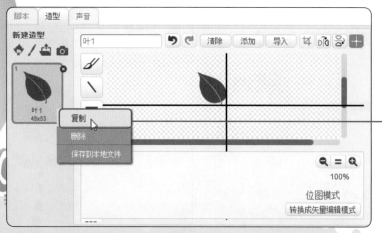

单击鼠标右键复制造型

图13-23

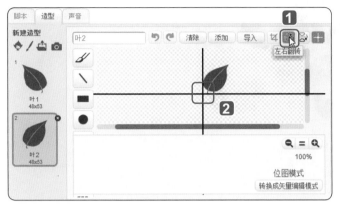

1 单击该按钮，进行左右翻转

2 再单击"设置造型中心"按钮，将中心点设置于此

图13-24

左右两片叶子的造型设置完成后，接着在脚本区中堆砌出如图13-25所示的程序积木。（也可以复制任何一个花朵角色的程序积木并进行修改，以节省时间。）

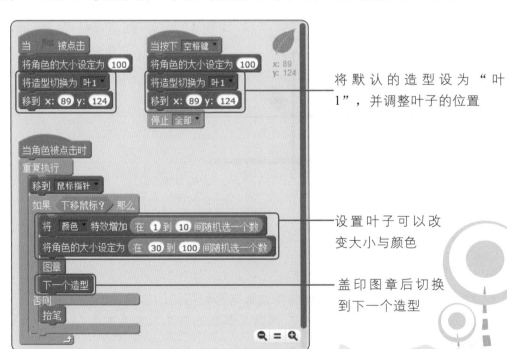

将默认的造型设为"叶1"，并调整叶子的位置

设置叶子可以改变大小与颜色

盖印图章后切换到下一个造型

图13-25

设置完成后，即可在舞台上用图章印出如图13-26所示的叶子颜色和变化。

图13-26

13.2.6 画笔的设置

"画笔"角色主要是供用户使用，以便可以在舞台上画出枝干，这样图章印出的花朵与叶片才得以依附于枝干上，而不会飘浮在空中。为了让画笔所画出的线条可以从笔尖出现，先来设置造型中心点的位置，如图13-27所示。

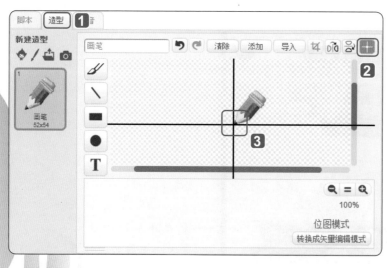

1 切换到"造型"选项卡

2 单击这个按钮

3 将中心点设置在笔尖处

图13-27

当"绿旗"按钮被单击时，我们要让画笔移到指定的位置；而按下空格键时，则停止绘制，移到原先设置的位置。因此，要先在脚本区加入如图13-28所示的两段程序积木。

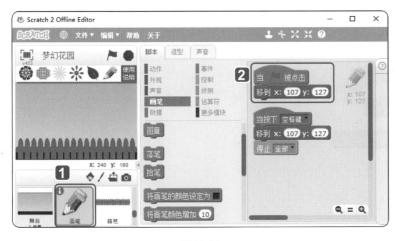

1 单击这个角色

2 加入这两段程序积木

图13-28

接着要设置的是，"画笔"角色若被单击，就将画笔大小设为1~12之间的任一个数字，这样可随机画出较粗或较细的枝干。画笔的默认颜色为绿色，同时移到鼠标指针的位置，如果侦测到鼠标左键被按下，就重复执行落笔、面向鼠标指针、移动两步和旋转5°的动作，同时改变画笔的颜色值，这样画笔就可以不断地变换颜色，否则就抬笔。

根据这个脚本的概念，继续堆砌出如图13-29和图13-30所示的程序积木。

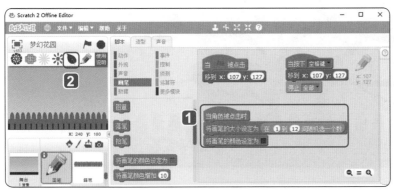

1 先加入这4个程序积木，然后单击色块

2 移动鼠标到想要选取的颜色上，即可完成画笔的颜色设定

图13-29

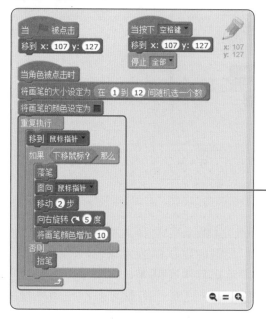

继续加入重复执行与
条件判别程序积木

图13-30

设置完成后，试一下画笔，就可以画出不同粗细的枝干，如图13-31所示。

图13-31

第14章

运算符应用——接砖块

程序项目的说明

这个范例是运用左右键来控制装砖袋的移动，接到砖块可获得1分，砖块落地扣0.5分，若接到炸弹则游戏结束。通过分数的增减来增加游戏的刺激感和趣味性。程序项目运行的部分画面如图14-1~图14-3所示。

图14-1

图14-2

图14-3

14.1 舞台与角色的导入

新建一个空白程序项目，再依次选择"文件/保存"菜单选项，将程序项目命名为"接砖块.sb2"，然后准备上传舞台背景与相关的角色造型。

14.1.1 设置舞台背景

设置舞台背景的过程如图14-4~图14-6所示。

单击该按钮，从本地文件中上传背景。

图14-4

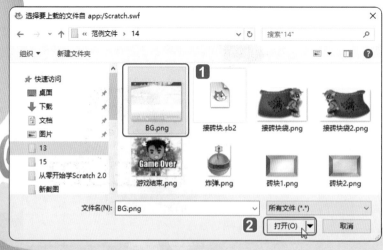

1 选择背景图像文件。

2 单击"打开"按钮。

图14-5

—— 显示加入的背景图像

图14-6

在本章的范例中，我们直接将操作方式标记在舞台背景上。若要以按钮方式来显示程序的操作方式，可参阅上一章的范例。

14.1.2 导入角色图案

舞台确定后，接着将接砖块袋、砖块、炸弹等角色造型导入到角色区中备用，具体步骤如图14-7~图14-11所示。

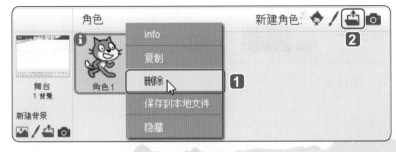

1 利用鼠标右键单击这个角色，在弹出的快捷菜单中选择"删除"选项将其删除

2 单击该按钮，从本地文件中上传角色

图14-7

02

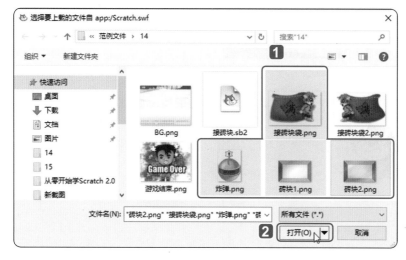

图14-8

1 按住Ctrl键选择需要的图像文件

2 单击"打开"按钮

03

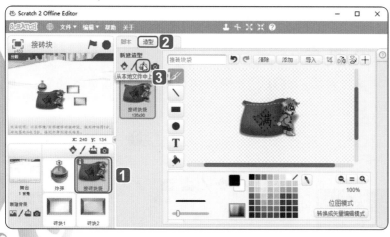

图14-9

1 加入角色后，单击"接砖块袋"角色

2 切换到"造型"选项卡

3 单击该按钮，从本地文件中上传造型

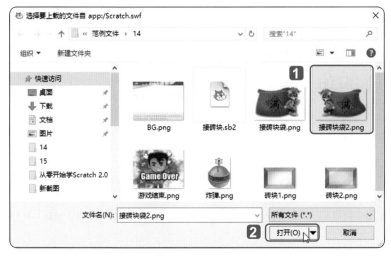

1 选择这个造型

2 单击"打开"按钮

图14-10

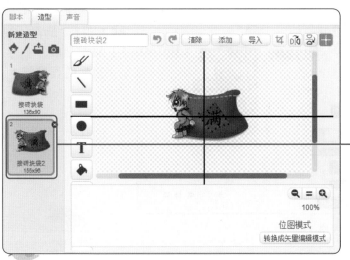

完成"接砖块袋"造型的导入

图14-11

14.2 程序积木的堆砌

角色造型大致定位后，下面就开始为各个角色堆砌程序积木。首先要设置是接砖块袋。

14.2.1 接砖块袋的设置

接砖块袋位于舞台下方，通过左移键和右移键来控制接砖块袋向左/向右的移动。当"绿旗"按钮被单击时，让程序重复执行以下操作：

- 如果右移键被按下，就将造型设定为"接砖块袋"，同时X坐标向右增加5个像素。
- 如果左移键被按下，就将造型设定为"接砖块袋2"，同时X坐标向左增加5个像素。

依此概念，我们将按序堆砌出如下的程序积木，具体步骤如图14-12~图14-14所示。

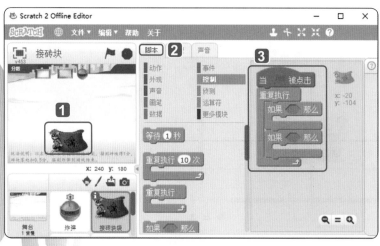

图14-12

1 先确定接砖块袋放置的高度

2 切换到"脚本"选项卡

3 加入"事件"与"控制"的程序积木

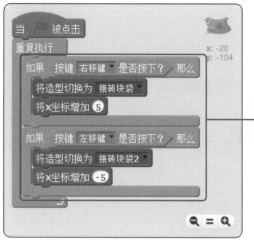

继续加入在左移键/右移键被按下时，所要显示的造型、方向与距离

图14-13

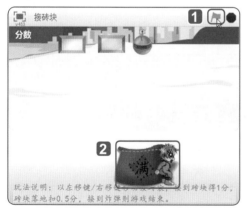

1 单击该按钮，执行程序项目

2 按下键盘上的左移键/右移键，即可看到接砖块袋左/右移动了

图14-14

14.2.2 砖块的设置

为了增加游戏的难度，在范例中我们设置了两个砖块。两个砖块的程序堆砌大致相同，因此确定一个砖块的程序积木设置没问题之后，即可将其复制并修改部分属性即可。

在脚本方面，当"绿旗"按钮被单击时，先让砖块固定在一定的高度上（Y轴

固定），水平位置则可随机出现。因此，先在"砖块1"的脚本区中加入如图14-15
和图14-16所示的程序积木。

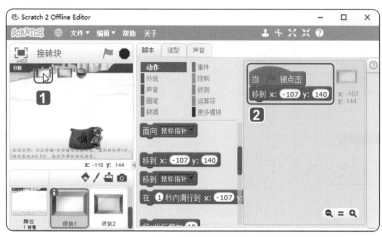

1 先设置"砖块1"放置的位置与高度

2 按序加入这两个程序积木

图14-15

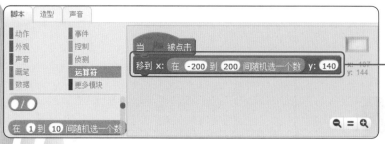

加入表达式

图14-16

因为舞台中心点坐标为(0, 0)，左边界的X坐标为-240，右边界的X坐标为240，
为了不让砖块太靠近边界而影响程序的运行，在范例中将X坐标设置为在-200~200
之间的随机数，这样砖块每次出现的位置就不会固定。

接下来程序重复执行，让砖块以随机的距离向下移动和旋转。由于"向下"是
Y轴变成负值，所以笔者将Y设置为在-2~-6之间的一个随机数，旋转方向和角度则
可按照个人喜好进行设置。程序积木如图14-17所示。

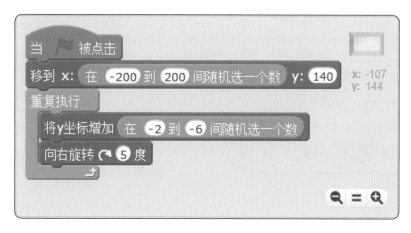

图14-17

如果碰到接砖块袋，就让砖块隐藏起来（表示砖块已掉入袋中），同时播放特定的声音（默认为pop声），玩家可得到1分。由于"分数"是一个变量，因此我们要先新建一个名叫"分数"的变量，当"绿旗"按钮被单击时，变量值从0开始，这样才能让砖块碰到装砖块袋时，可以执行+1的操作。

● 当"绿旗"按钮被单击时，分数从0开始计算（如图14-18~图14-20所示）

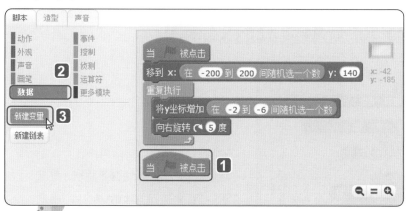

1 先加入这个程序积木

2 切换到"数据"类型

3 单击这里新建一个变量

图14-18

① 将"变量名"设置为"分数"
② 单击"确定"按钮

图14-19

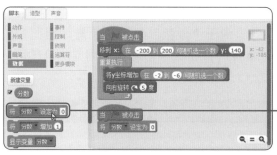

将这个程序积木堆砌到脚本区中，当"绿旗"按钮被单击时，分数值为0

图14-20

● 砖块碰到装砖块袋的反应（如图14-21所示）

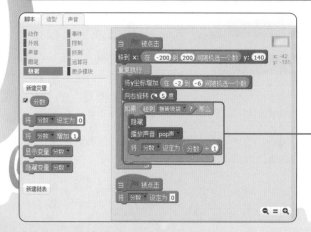

继续加入这段程序积木，让砖块1碰到"接砖块袋"就隐藏起来，接着播放"pop声"，再将分数的值设为分数+1

图14-21

如果玩家没有接到砖块，让砖块掉落在地上（舞台边缘），玩家就要被扣0.5分。同时广播"发射砖块1"的消息，这样当"砖块1"接收到消息时，就自动显示并回到舞台上方所指定的区间。因此，需继续加入如图14-22所示的程序积木。

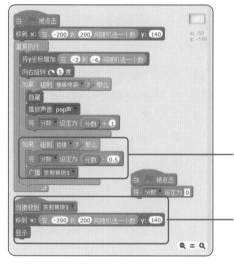

设置"砖块1"落到舞台下方的操作

设置"砖块1"接收到广播的消息时，所执行的操作

图14-22

设置完成后，我们可以单击"绿旗"按钮测试程序项目执行的效果，如果确认没问题，就将"砖块1"中的程序积木拖动到"砖块2"角色中，并修改其属性与参数，即可完成"砖块2"所对应的程序积木的堆砌，如图14-23所示。

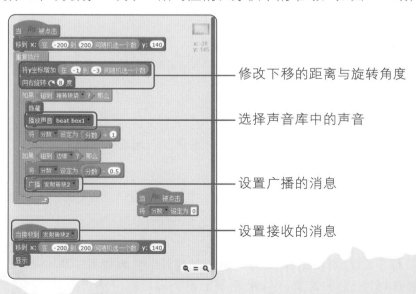

修改下移的距离与旋转角度

选择声音库中的声音

设置广播的消息

设置接收的消息

图14-23

14.2.3 炸弹的设置

炸弹的设计可以让游戏变得更"刺激"，它会不定时地出现，接砖块袋一旦碰到它，游戏就结束了。

当"绿旗"按钮被单击时，让程序在1~10之间选择一个随机数，如果选到的数值等于1时就广播"炸弹"的消息。程序积木如图14-24所示。

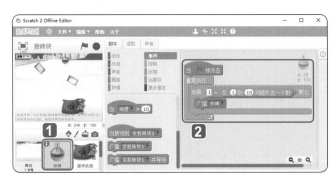

1 单击"炸弹"角色

2 按照颜色类型，按序加入程序积木，当随机选到的数值等于1时，就广播"炸弹"的消息

图14-24

当"炸弹"角色接收到"炸弹"的消息时，就重复执行下移（Y坐标的增加）与旋转的操作。

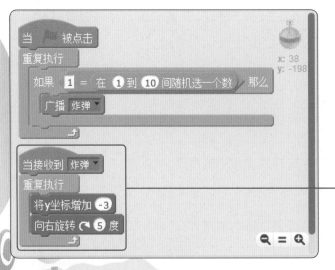

继续加入此段程序积木

图14-25

在炸弹下移的过程中，如果碰到舞台的下缘，就将X坐标设置在-200~200之间，而Y坐标则设置在145的当前位置。如果碰到接砖块袋，就广播"游戏结束"的消息。按照此脚本的概念，按序完成如图14-26所示的程序积木。

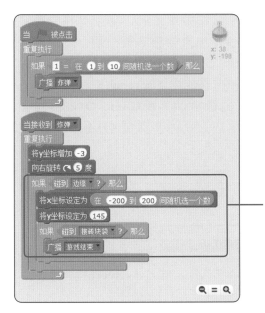

图14-26

加入此段程序积木

14.2.4 游戏结束的设置

广播"游戏结束"的消息，最后就是让Game Over的画面出现在舞台上。大家可单击 按钮先将"游戏结束.png"图像文件导入到角色区中，然后排列在舞台中心，使画面显示如图14-27所示。

图14-27

1 单击该按钮，从本地文件中上传"游戏结束.png"的角色

2 将上传的画面置于舞台中心

由于该角色是满版的画面，因此当"绿旗"按钮被单击时，必须先将它隐藏起来，等接收到"游戏结束"的消息时，才让它显示出来并移到最上层，同时在舞台上显示最后的分数，以便让玩家知道自己的成绩。

为了让玩家知道游戏已经结束，我们将播放声音库中的screech声音，并加入等待0.2秒。当声音播放完毕后就停止所有声音的播放，免得Game Over的画面出现后，还会听到后方砖块掉落到装砖块袋的声音。具体步骤如图14-28~图14-30所示。

图14-28

1 单击这个角色
2 单击该按钮，以加入 screech的声音

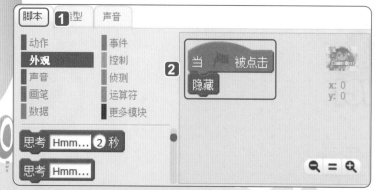

图14-29

1 切换到"脚本"选项卡
2 设置当"绿旗"按钮 被单击时先隐藏

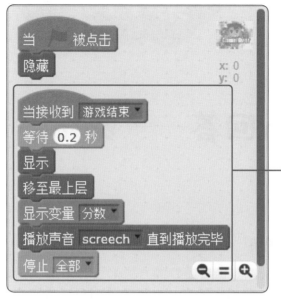

图14-30

按照指定的类型加入程序积木，让Game Over的画面、分数与声音同时显示或播放

至此，游戏已经设置完成，大家可以单击"绿旗"按钮来体验一下接砖块游戏的乐趣。

第 15 章

提问与回答——乘法运算问答

程序项目的说明

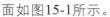

这个范例是以"随机出题"的方式来显示乘法表达式，让学习者可以通过键盘上的数字键输入答案，当程序侦测到正确答案就会反馈正确的消息，侦测到错误答案则会反馈错误的消息。程序项目执行时的屏幕显示画面如图15-1所示。

图15-1

15.1 舞台与角色的导入

新建一个空白程序项目，再依次选择"文件/保存"菜单选项，将程序项目命名为"乘法运算问答.sb2"，然后准备上传舞台背景与相关的角色造型。

15.1.1 设置舞台背景

设置舞台背景的具体步骤如图15-2~图15-4所示。

01

单击该按钮，从本地文件中上传背景

图15-2

02

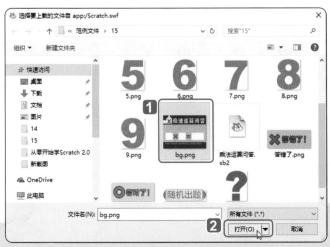

1 选择背景图像文件
2 单击"打开"按钮

图15-3

03

———显示加入的背景图像

图15-4

15.1.2 导入主要角色

舞台确定后，接着将随机出题按钮、数字、问号等主要角色导入到角色区中备用，具体步骤如图15-5~图15-7所示。

01

图15-5

1 利用鼠标右键单击这个角色，在弹出快捷菜单中选择"删除"选项将其删除

2 单击该按钮，从本地文件中上传角色

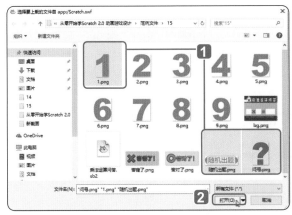

1 按住Ctrl键选择需要的图像文件

2 单击"打开"按钮

图15-6

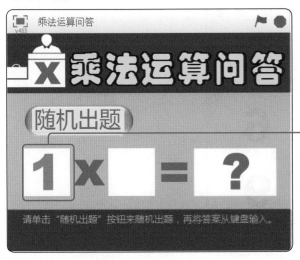

按序将角色排列在相应的位置上

图15-7

15.1.3 设置被乘数角色的造型

在乘法的表达式中，前面的数字称为"被乘数"，乘号之后称为"乘数"，其结果为"乘积"。有了被乘数之后，我们要在"造型"选项卡加入2~9的数字，以便1~9的数字可以在同一个位置上显示出来，具体步骤如图15-8~图15-10所示。

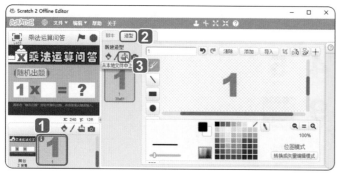

① 单击这个角色

② 切换到"造型"选项卡

③ 单击该按钮，从本地文件中
上传造型

图15-8

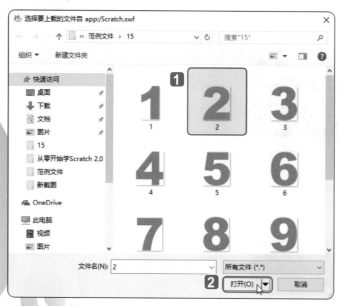

① 选择数字2

② 单击"打开"按钮

图15-9

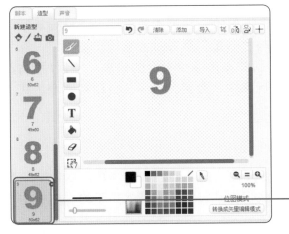

采用上面相同的方式完成
数字3~9的导入

图15-10

15.1.4 设置乘数的角色造型

前面的被乘数设置完成后，后面的乘数只要通过单击鼠标右键进行复制即可完成设置，如图15-11所示。

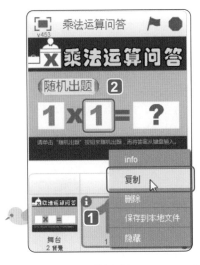

图15-11

1 利用鼠标右键单击数字1角色，在弹出的快捷菜单中选择"复制"选项

2 将复制的角色移到此处，以完成"乘数"的设置

15.2 程序积木的堆砌

在角色造型定位后，接着就开始堆砌程序积木。在脚本的设计上，只要玩家单击"随机出题"按钮，下方的"被乘数"与"乘数"字段就会随机出现数字，然后问号上方会自动出现对话框，并提问"请问答案是多少？"的信息。停顿1秒后，下方会自动显示可输入答案的字段，可供玩家输入数值，程序会自动判别表达式正确与否而给予不同的反馈。

15.2.1 随机出题的设置

当"随机出题"按钮被玩家单击后，就开始广播"出题"的消息，以便被乘数与乘数的数字可以开始"跳动"。因此，我们将在该角色中加入如下的程序积木，具体步骤如图15-12~图15-14所示。

1 单击这个角色

2 加入这两个程序积木

3 从下拉列表中选择"新消息"选项

图15-12

1 输入消息名称

2 单击"确定"按钮

图15-13

完成"随机出题"按钮的角色设置

图15-14

15.2.2 被乘数的设置

当"被乘数"接收到"出题"的消息时，就重复让"被乘数"的造型在1~9之间选一个数，而且要让被乘数的编号等于造型编号。依此概念，我们必须先设置一个"被乘数"的变量，具体步骤如图15-15~图15-17所示。

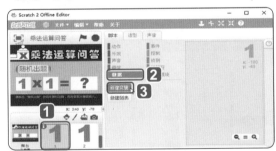

1 单击位于被乘数位置的角色

2 切换到"数据"类型

3 单击该按钮，新建一个变量

图15-15

1 设置"变量名"为"被乘数"

2 单击"确定"按钮

图15-16

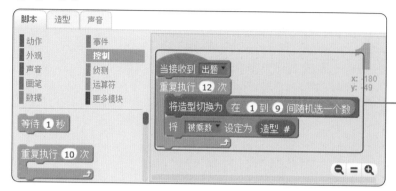

按照程序积木类型，按序加入程序积木

图15-17

在脚本中，不使用"重复执行"的程序积木，因为选用该程序积木就会不停地随机选数且不会停顿下来，所以这里设置"重复执行12次"后就停顿，并将所显示的造型编号（即"造型#"）设置成被乘数的值。

设置完成后单击"绿旗"按钮，再单击"随机出题"按钮，被乘数的数值就会开始随机跳动，如图15-18所示。

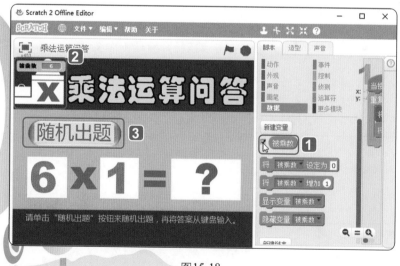

1 取消对此复选框的勾选

2 此字段就不会显示在舞台上

3 单击该按钮，被乘数的数字就会开始跳动

图15-18

15.2.3 乘数的设置

确定前面的程序积木堆砌没问题后，现在再新建一个"乘数"的变量，如图15-19所示。

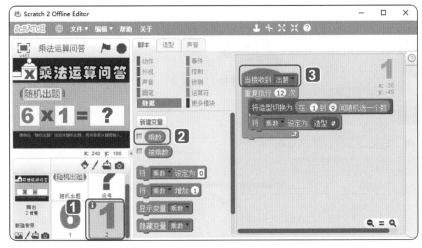

1 单击乘数所在的角色

2 先新建乘数的变量

3 按照程序积木的类型，加入程序积木

图15-19

15.2.4 答题的设置

当被乘数与乘数自动显示数值后，我们希望问号的地方显示提问的文字，而在下方可供用户输入答案。这里我们将会运用到 **侦测** 类型中的两个程序积木，如表15-1所示。

表15-1 程序积木及其说明

类型	程序积木	说明
侦测	询问 What's your name? 并等待	以对话框方式显示提问的问题。
侦测	回答	程序提问问题后，用户从键盘上输入的数据即为答案

当问号的角色接收到"出题"的消息并等待1秒后，就显示提问的问题"请问答案是多少？"，如果被乘数乘上乘数的值等于玩家所输入的答案，就广播"答对"的消息，否则就广播"答错"的消息。依此脚本的概念，按序加入如图15-20~图15-22所示的程序积木。

01

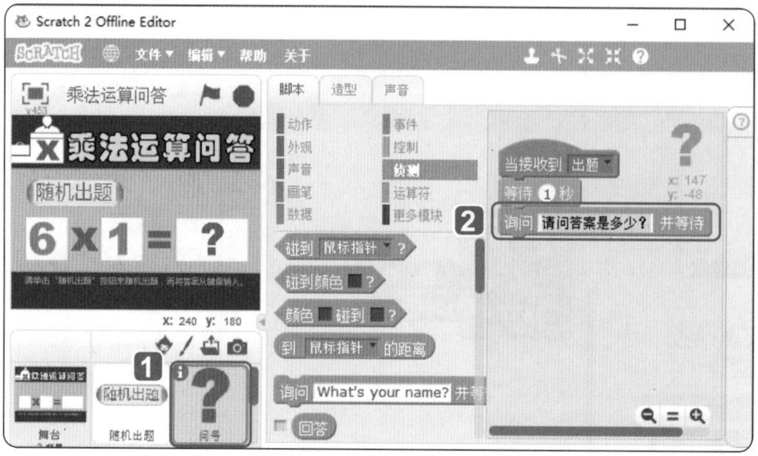

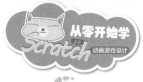

1 单击这个角色

2 加入程序积木，并修改提问的问题

图15-20

02

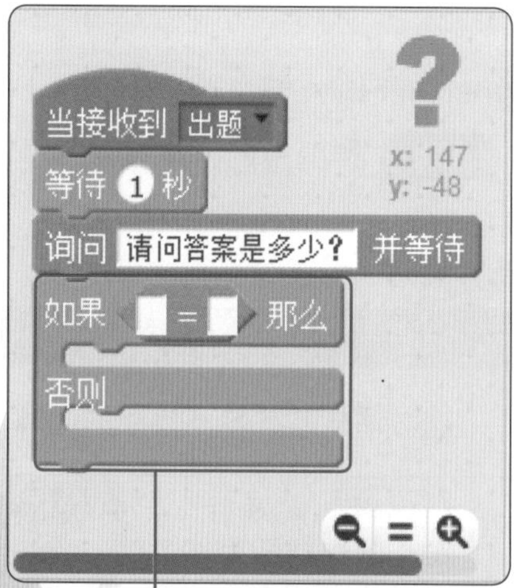

继续加入条件分支程序积木与等号的表达式

图15-21

03

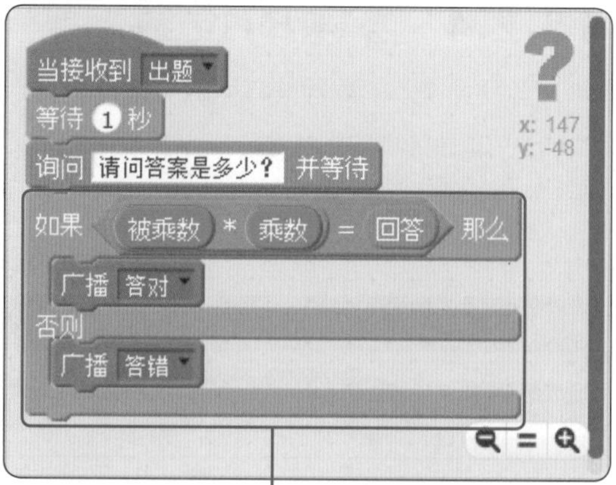

设置当被乘数×乘数=答案时，就广播“答对”的消息，否则就广播“答错”的消息

图15-22

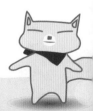

完成以上设置后，单击"随机出题"按钮，等待1秒后，问题就会显示在问号的左上方，下方也会出现字段以供输入数值，如图15-23所示。

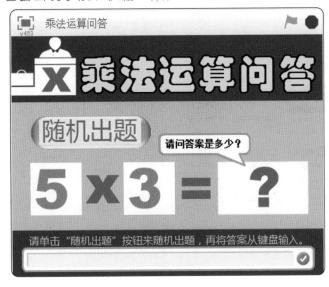

图15-23

此时玩家只要输入答案，再单击 ✅ 按钮就可以了。

15.2.5 反馈的设置

不管答案输入对或错，都必须让玩家知道，因此在问号的角色中，我们加入了"答对"与"答错"的广播。接下来就设置在答对时显示"答对了"的画面，在答错时显示"答错了"的画面。在角色区单击 ⬆ 按钮，将"答对了"与"答错了"的画面导入进来，具体步骤如图15-24~图15-26所示。

单击该按钮，从本地文件中上传角色

图15-24

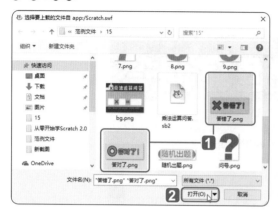

1 选择这两个图像文件
2 单击"打开"按钮

图15-25

将这两个图像重叠排列
在相应的位置上

图15-26

答对时的设置

　　当"绿旗"按钮被单击时，我们要先将"答对了"的角色隐藏起来，以免遮住乘法的表达式。当该角色接收到"答对"的消息时，就将它显示出来并移到最上层，同时播放bell toll的声音，等待1秒之后再将画面隐藏起来，以便玩家可以继续进行乘法测验。根据如上脚本的概念，我们将依序加入如图15-27~图15-30所示的程序积木。

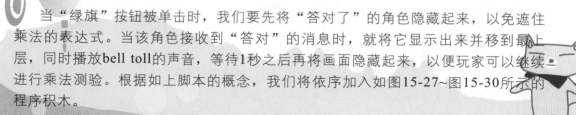

1 单击这个角色

2 切换到"声音"选项卡

3 单击该按钮，从声音库中选取声音

4 加入bell toll声音后，将声音文件中多余的部分，利用鼠标右键单击将其删除

图15-27

1 试听声音后，使用鼠标拖动选择后半段的声音

2 单击"编辑"下拉按钮，从下拉列表中选择"删除"选项

图15-28

1 单击声音文件的尾端

2 单击"效果"下拉按钮，从下拉列表中选择"淡出"选项

图15-29

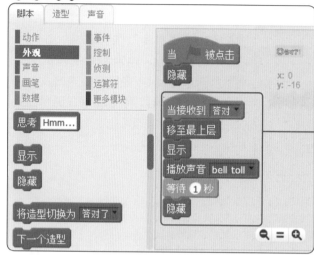

按序加入程序积木，只有接收到"答对"的消息时才显示"答对了"的图像，共1秒钟的时间

图15-30

● 答错时的设置

答错时的程序积木设置大致与答对时的程序积木设置相同，我们可以在复制程序积木后，修改播放的声音与接收的消息即可，具体步骤如图15-31和图15-32所示。

1 单击这个角色
2 单击该按钮，从声音库中导入duck的声音

图15-31

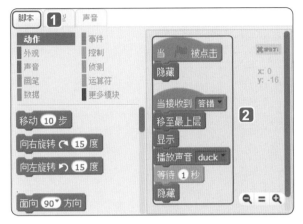

图15-32

1 切换到"脚本"选项卡

2 加入程序积木

答对时和答错时的程序积木都设置完成了，我们可以测试一下程序项目执行时的画面效果，如图15-33和图15-34所示。

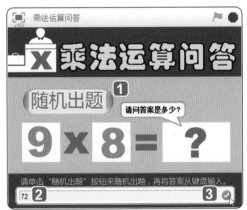

1 单击该按钮以便随机出题

2 输入正确的答案

3 单击该按钮确定输入

图15-33

显示答对了！

图15-34